普通高等教育"十二五"规划教材——化学化工类
玉林师范学院化学与材料学院特色专业建设项目

硅酸盐工业检测

GUISUANYAN GONGYE JIANCE

主编〇陈 渊 罗济文

西南交通大学出版社
·成 都·

图书在版编目（ＣＩＰ）数据

硅酸盐工业检测/陈渊，罗济文主编. 一成都：
西南交通大学出版社，2014.2
普通高等教育"十二五"规划教材. 化学化工类
ISBN 978-7-5643-2915-0

Ⅰ. ①硅… Ⅱ. ①陈… ②罗… Ⅲ. ①硅酸盐工业－
生产过程－检测－高等学校－教材 Ⅳ. ①TQ170.6

中国版本图书馆 CIP 数据核字（2014）第 027326 号

普通高等教育"十二五"规划教材——化学化工类
硅酸盐工业检测
主编 陈渊 罗济文

责 任 编 辑	孟苏成
助 理 编 辑	姜锡伟
特 邀 编 辑	曾荣兵
封 面 设 计	何东琳设计工作室
出 版 发 行	西南交通大学出版社
	（四川省成都市金牛区交大路 146 号）
发行部电话	028-87600564　028-87600533
邮 政 编 码	610031
网 　 　 址	http://press.swjtu.edu.cn
印 　 　 刷	四川五洲彩印有限责任公司
成 品 尺 寸	185 mm × 260 mm
印 　 　 张	11.75
字 　 　 数	290 千字
版 　 　 次	2014 年 2 月第 1 版
印 　 　 次	2014 年 2 月第 1 次
书 　 　 号	ISBN 978-7-5643-2915-0
定 　 　 价	25.00 元

编委会

主　　编　陈渊　罗济文

参编人员　李　厦　陈宪明　周　能

李家贵　杨家添　韦庆敏

曾楚杰　罗志辉　刘荣军

前　言

硅酸盐工业是制造以硅酸盐为主体的陶瓷、玻璃、搪瓷、水泥、耐火器材等各种制品和材料的产业，是无机化学工业的一个重要组成部分。硅酸盐材料的使用和制造有悠久的历史，现在仍然在快速发展中，新型的产品不断出现，性能不断提高，用途越来越广泛，在国民经济和人民日常生活中起着重要的作用。现在，硅酸盐材料往往与金属材料、高分子材料并列为现代三大重要材料。

广西玉林市和贵港市地处桂东南，硅酸盐工业原料如石灰石、黏土、石英石等储藏非常丰富且品位很高，水泥和陶瓷工业都有悠久历史而且较为发达，但长期以来产能分散，规模较小，生产工艺落后。改革开放后，这种状况大为改善，产业迅速发展。市属各县区都建有许多小水泥厂、陶瓷厂，近年国内水泥巨头——海螺水泥和华润水泥已在玉林市的北流、兴业、陆川以及贵港市等地建厂；同时，在陶瓷产业方面出现了以广西三环企业集团为首的一批在国内颇有影响力的企业，其中三环企业集团连续多年保持全国日用陶瓷销量和出口首位。硅酸盐工业已成为地区的重要支柱产业。

根据我国的教育方针和课程管理政策，为执行分类指导、注重特色的原则，我们结合本地区的优势和传统，充分利用学校和地方资源，为地方经济发展培养专门人才，开设了"普通硅酸盐工业检测"课程。为了方便选修本课程的同学学习，我们编写了《普通硅酸盐工业检测》讲义。该讲义已经在"应用化学"、"材料化学"及"化学教育"等不同专业的教学中使用了6年。考虑到生产水平的发展和技术的进步，如期间国家《通用硅酸盐水泥》新标准已正式发布并实施，对水泥质量和生产提出了新的要求，我们在原讲义的基础上，组织力量编写了本书。

本书注重实际应用，引用了最新的质量标准和工艺方法，紧密联系生产实际和学生的现有知识水平。本书介绍了水泥、陶瓷和玻璃生产的基本工艺流程和基本原理，使学生了解这几种重要的硅酸盐产品的组成和性能的相关性，更易于理解测试要求和方法原理。书中较详细地介绍了化学检验的原理和方法；也介绍了一些基本的物理性能检测方法和相关仪器，以供学生学习参考。

本书编写过程中得到北流海螺水泥有限责任公司、广西三环企业集团、玉林出入境检验检疫局等单位的大力支持，有关人员提供了重要资料，谨致衷心谢意。

本书适合已经具有基本的分析化学知识及技能的学生学习，也可供水泥、陶瓷和玻璃生产企业、科研设计、建筑施工单位的工程技术人员及大专院校相关专业师生参考。

由于编者水平有限，书中疏漏之处难免，敬请读者和专家指正。

编　者
2013 年 11 月

目 录

第 2 篇 陶瓷工业检测

第 3 篇 玻璃工业检测

第 1 篇　硅酸盐水泥的工业检测

第 1 章　绪　论

1.1　水泥的定义和分类

1.1.1　水泥的定义和起源

胶凝材料是指在物理、化学作用下，能从浆体变成坚固的石状体，并能胶结其他物料而具有一定机械强度的物质，又称胶结料。

凡是加入适量水拌和后，成为塑性浆体，既能在空气中和水中自行凝结、硬化，又能将砂、石等适当材料胶结在一起的粉状水硬性胶凝材料，通称为水泥。

水泥的历史最早可追溯到古罗马人在建筑中使用的石灰与火山灰的混合物，这种混合物与现代的石灰火山灰水泥很相似。用它胶结碎石制成混凝土，硬化后不但强度较高，而且还能抵抗淡水或含盐水的侵蚀。1824 年，英国建筑工人约瑟夫月·阿斯谱丁（Joseph Aspdin）发明了水泥并取得了波特兰水泥的专利权。他用石灰石和黏土为原料，按一定比例配合后，在类似于烧石灰的立窑内煅烧成熟料，再经磨细制成水泥。因水泥硬化后的颜色与英格兰岛上波特兰地方用于建筑的石头相似，被命名为波特兰水泥，即我们经常说的硅酸盐水泥。

1.1.2　水泥的分类

1. 按用途和性能分类

（1）通用水泥。

通用水泥是一般用途的水泥，主要用于一般民用建筑工程。常见的有：硅酸盐水泥、普通硅酸盐水泥、矿渣硅酸盐水泥、火山灰质硅酸盐水泥、粉煤灰硅酸盐水泥和复合硅酸盐水泥等六类。

（2）专用水泥。

专用水泥具有专门用途，主要用于专门建筑工程，如油井水泥、道路硅酸盐水泥、型砂水泥、砌筑水泥等。

（3）特性水泥。

特性水泥指有某种特殊性能的水泥，主要用于特殊建筑工程，如快硬硅酸盐水泥、低热矿渣硅酸盐水泥、膨胀硫铝酸盐水泥等。

2．按水泥中水硬性物质分类

（1）硅酸盐水泥，即国外通称的波特兰水泥。

（2）铝酸盐水泥。

（3）硫铝酸盐水泥。

（4）铁铝酸盐水泥。

（5）氟铝酸盐水泥。

3．按主要技术特性分类

（1）快硬性。分为快硬和特快硬两类。

（2）水化热。分为中热和低热两类。

（3）抗硫酸盐性。分为中抗硫酸盐腐蚀和高抗硫酸盐腐蚀两类。

（4）膨胀性。分为膨胀和自应力两类。

（5）耐高温性。铝酸盐水泥的耐高温性以水泥中氧化铝含量分级。

1.2　水泥在国民经济中的作用

　　水泥现在已经成为建筑工程的最重要的基本材料。被广泛应用于工业建筑、民用建筑、交通工程、水利工程、农田水利工程和国防建设等领域。水泥工业的发展对保证国家建设规划的顺利实施、国民经济的正常运行以及人民物质与文化生活水平的提高，具有十分重要的意义，水泥工业是国民经济中非常重要的基础产业。

　　我国的水泥生产自改革开放后，获得飞速发展。一方面，现代化建设的发展，特别是近年来我国城市化水平的提高对水泥这种基础材料产生巨大需求。另一方面，随着我国国力的增强和科学技术的进步，水泥生产行业不断变革工艺和技术，引进新设备，采用新生产方法。现在我国的水泥生产已进入从传统的立窑法转化为到新型干法流水线生产占优势的阶段。水泥生产规模不断扩大，质量不断提高。2010 年，中国水泥产量达到 18.68 亿吨，产量占了全球产量的 54%。目前，我国水泥行业发展战略已逐步转向以结构调整为发展主线，以节能减排为中心，以技术进步和创新为根本出路的新阶段，向着大而强的目标不断迈进。

1.3　硅酸盐水泥的生产方法简介

1.3.1　硅酸盐水泥的生产过程

1．生料制备

　　石灰质原料、黏土质原料及少量的校正材料经破碎后按一定的比例配合、细磨，并经均化调配为成分合适、分布均匀的生料。

2. 熟料煅烧

将生料在水泥工业窑内煅烧至部分熔融，经冷却后得到以硅酸钙为主要成分的熟料的过程。

3. 水泥的制成

将熟料、石膏，有时加入适量混合材共同磨细成水泥的过程。

以上三个阶段可以简称为"两磨一烧"。

1.3.2 硅酸盐水泥的生产方法分类

硅酸盐水泥的生产方法是根据原料的来源与性质、自然条件、生产规模、对产品质量的要求以及使用的生产设备等方面来区分的。通常按下列两种方法分类：

1. 按燃烧窑的结构分

（1）立窑。

立窑有普通立窑和机械化立窑两种。

（2）回转窑。

回转窑有湿法回转窑、干法回转窑、半干法回转窑、预分解（窑外分解）回转窑等（见图1-3-1）。其中，干法预分解新型窑生产线能耗低、产量高、质量好、技术新，已成为世界各国水泥生产的发展方向。

2. 按生料制备方法分

（1）湿法。

采用湿法生产时，黏土质原料先淘制成黏土浆，然后与石灰石、铁粉等原料按一定比例配合，喂入磨机中，加水一起粉磨成生料浆，生料浆经调配均匀并使化学成分符合要求后喂入湿法回转窑煅烧成熟

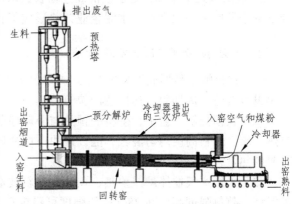

图1-3-1 干法预分解回转窑结构图

料。将采用湿法磨制的生料浆脱水成生料块经烘干粉碎后，入预热器窑、预分解窑等干法窑中燃烧成熟料，一般称之为湿磨干烧。

（2）干法。

采用干法生产时，石灰石先经破碎及预均化，再与烘干过（如果生料磨是立磨或风扫磨等可不烘干）的黏土、铁粉等物料，按适当比例配合，送入生料磨中磨细，所得生料粉经调配均化并使质量符合要求后喂入干法回转窑煅烧成熟料。

（3）半干法。

半干法介于湿法与干法之间的生产方法（有的也划分到干法之中），将干法制得的已调配均匀的生料粉，加适当水制成料球，喂入半干法回转窑或立窑中煅烧成熟料。

1.3.3　主要生产方法的特点

1. 立窑生产特点

（1）立窑生产投资省，建设周期短。

（2）建厂所需的外围条件要求较低。

（3）生产控制和管理较简便。

（3）生产电耗较低。

（4）水泥质量能满足一般工业和民用工程建设的要求。

立窑生产存在的主要问题有：

（1）单窑生产能力小，自动化程度低，劳动生产率低，最大的立窑单机生产能力仅有 300 t·d^{-1} 熟料。

（2）熟料烧成热耗较高。

（3）立窑生产熟料强度低，28 d 抗压强度一般为 50～57 MPa，使立窑水泥在许多大型工程中的使用受到限制；由于熟料强度低，生产水泥时混合材料掺加量也较低，对工业废渣的利用不利。

（4）立窑生产还存生产分散，在对矿山资源无序开采、剥离过大的情况，资源利用率低。

（5）立窑生产环境污染严重，由于立窑生产的工艺特点决定了其粉尘、有害气体的处理难度很大，很难达到国家排放标准。

20 世纪八九十年代，由于经济高速增长，水泥供需矛盾又十分突出，我国各地地方上用少量资金发展了一大批立窑水泥企业，曾形成了我国水泥工业以立窑为主的局面。

2. 干法预分解回转窑的特点

（1）预分解窑易形成大型生产线，单机生产能力目前已达 10 000 t/d。这些大规模生产线的建设具有建设周期短、达标达产快等特点。

（2）在预分解工艺中，生料的预热与分解环节分别是在预热器与分解炉中，以悬浮状态与热气流、燃料高度均匀混合，能以最快速度从燃料燃烧所发出的热量中获取预热与分解所需要的热量，所以传热效率高，生产能耗低。

（3）采用空气搅拌悬浮预热、预分解窑新技术，物料均化水平大大提高，熟料质量得到了保证。熟料强度高，其 28 d 抗压强度可稳定在 60 MPa 以上。

（4）预分解技术及新型多通道燃烧器的应用，有利于降低系统废气排放量、排放温度和还原窑气中产生的含氮氧化物含量，减少了对环境的污染，环境保护达到高水平，使水泥生产成为清洁生产。

（5）干法预分解生产通常使用控制自动化，利用各种检测仪表、控制装置、计算机及执行系统等对生产过程自动测量、检验、计算、控制，以保证生产"均衡稳定"与设备的安全运行，使生产过程经常处于最优状态，达到优质、高效、低耗的目的。

1.3.4　干法预分解回转窑产的工艺流程

在我国特定的条件下，机械化立窑水泥厂曾得到蓬勃发展，在整个水泥工业中，机械化立窑的生产能力曾占绝对优势。但由于立窑生产存在效率低、能耗大、污染严重等缺点，而干法预分解回转窑生产技术现在已进入了较稳定的快速发展轨道，进入 21 世纪以来，干法预分解回转密生产技术已经成为水泥生产的主要方法。鉴于立窑水泥生产已经被逐渐淘汰，本书主要介绍干法预分解回转窑的工艺技术和检测方法。

干法预分解回转窑生产流程如图 1-3-2 所示。

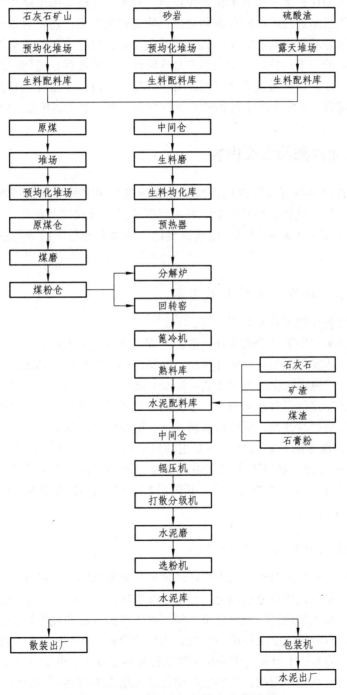

图 1-3-2 干法预分解回转窑生产流程

1.4　水泥工业检测概述

1.4.1　水泥工业检测的任务和目的

水泥工业检测的任务是按照有关标准和规定，对水泥生产全部工序使用的原材料、燃料和中间产品、最终成品进行严格的分析和测试；物理性能方面，还要对水泥和混凝土构件进行检测，按规定做好质量记录和标识。其目的首先是保证出厂水泥的质量符合国家标准规定的品质指标和用户的需求；其次，水泥生产是连续性很强的过程，任何一道工序都将影响最终产品的质量。因此，必须通过各种检测，为水泥生产中进行质量管理和控制，及时提供准确可靠的分析测定数据，使生产全过程处于受控状态，确保生产能正常、稳定、高效地进行。

1.4.2　水泥工业检测的主要内容

水泥的工业检测可以分为物理性能检验和化学成分测定两个部分。物理性能直接影响水泥的使用性能、施工性能、结构性能，并对混凝土乃至建筑工程的质量起决定性的作用。物理性能的优劣主要是由水泥的化学组成决定的，而水泥的化学组成信息主要通过化学分析获得。

1. 水泥的基本物理性能检测的内容

水泥的基本物理性能可分为以下几类：

（1）水泥为粉末状态下测定的物理性能：密度、细度、比表面积等。

（2）水泥的浆体状态下测定的物理性能：凝结时间、需水性、泌水性、保水性等。

（3）水泥硬化后测定的物理力学性能：强度（抗折、抗拉、抗压）、抗冻性、抗渗性、抗大气稳定性、体积安定性、湿胀干缩性、水化热、耐热性、耐腐蚀性（耐淡水腐蚀性、耐酸性水腐蚀性、耐碳酸盐腐蚀性、耐硫酸盐腐蚀性、耐碱腐蚀性等）。

水泥的这些物理性能主要通过一些专用的仪器设备测得。有些最基本的物理性能是在水泥出厂时必须测定的，如通用水泥必须对细度、凝结时间（初凝和终凝）、安定性、强度（抗折强度和抗压强度）等进行测定，其他品种水泥的物理性能则要根据不同品种和不同需要按有关标准执行。

2. 水泥工业主要化学分析的内容

水泥工业化学分析要求对整个水泥生产的原料、辅助材料、燃料和包括生料及熟料在内的中间产物以及成品水泥进行分析测定。主要分析项目有：碳酸钙、二氧化硅、三氧化二铁、氧化铝、氧化镁、游离氧化钙、三氧化硫、钾、钠等组分含量和烧失量、不溶物的测定。由此获得各种化学成分和矿物组成的准确数据，为评价原料与产品的质量和生产的质量控制提供数据。测定使用的方法主要是化学分析（包括各种容量分析、重量分析等），一般的仪器分析方法也在一些测定项目中使用。近年生产中已经大量采用 X 射线荧光法进行快速测定。

第 2 章　水泥及其原料

2.1　硅酸盐水泥熟料的组成及配料计算

2.1.1　硅酸盐水泥熟料的生成和矿物组成

如前所述，水泥是由各种原材料制备成生料，生料在水泥窑内煅烧得到熟料后加入适量混合材共同磨细而成。熟料的组成复杂，可用氧化物表示，如氧化钙、氧化硅、氧化铝和氧化铁等。但这些氧化物并不是熟料矿物的真实存在形式。必须注意的是，在煅烧前，原料和生料都不具有水凝硬化的作用。硅酸盐水泥之所以是一种水硬性胶凝物质，是因为煅烧中生料中的各种成分经过一系列物理化学变化，生成多种物质构成的水硬性矿物，它们以细小的结晶存在。硅酸盐水泥的性质在极大程度上取决于熟料的矿物组成。

硅酸盐水泥熟料中主要矿物有：硅酸三钙（$3CaO \cdot SiO_2$，C_3S）、硅酸二钙（$2CaO \cdot SiO_2$，C_2S）、铝酸三钙（$3CaO \cdot Al_2O_3$，C_3A）和铁铝酸四钙（$4CaO \cdot Al_2O_3$，C_4AF）四种矿物。此外，还有少量的游离氧化钙、方镁石、玻璃体等。上述四种矿物是由生料中氧化钙、二氧化硅、三氧化二铝、三氧化二铁等经过高温煅烧化合而成的。

1. 煅烧过程物理化学变化

煅烧过程所发生的物理化学变化进行的程度与状况决定了水泥熟料的质量和性能，也直接影响到燃料、原材料的消耗和设备的运转。掌握这些物理化学变化的规律，对生产过程的质量控制有很大的意义。煅烧过程主要有如下变化发生：

（1）干燥。

当温度升到 150 ~ 200 ℃ 时，生料中自由水全部被排除。自由水的蒸发过程消耗的热量很大。降低料浆水分是降低湿法生产热耗的重要途径。

（2）脱水。

脱水即物料中矿物分解放出结合水。生料中发生脱水的组分主要是黏土，常见的有高岭土和蒙脱土，但大部分黏土属于高岭土。黏土矿物的化合水有两种：一种是以 OH⁻离子状态存在于晶体结构中，称为晶体配位水（也称结构水）；另一种是以分子状态存在吸附于晶层结构间，称为晶层间水或层间吸附水。当温度达 100 ℃ 时失去吸附水，温度升高至 400 ~ 600 ℃ 时失去结构水，变为偏高岭石（$2SiO_2 \cdot Al_2O_3$），并进一步分解为化学活性较高的无定型的氧化铝和氧化硅。

（3）碳酸盐分解。

碳酸盐分解是熟料煅烧的重要过程之一，碳酸钙和少量碳酸镁在该过程生成氧化钙和氧化镁并释放二氧化碳。当物料温度升到 900 ℃ 后 $CaCO_3$ 分解反应将迅速进行。

（4）固相反应。

固相反应是指固相与固相之间所进行的反应。

黏土和石灰石分解以后分别形成 CaO、MgO、SiO_2、Al_2O_3 等氧化物，当温度升至 800 ℃时，这些氧化物随着温度的升高会反应形成各种矿物。如重要的矿物 C_2S、C_3A 与 C_4AF 在此过程生成，1 100 ~ 1 200 ℃ 时 C_2S 含量达最大值。影响固相反应速度的主要因素有：生料细度及其均匀程度、原料性质、温度、矿化剂等。

（5）熟料烧成。

物料加热到最低共熔温度时，物料中开始出现液相，液相主要由 C_3A 和 C_4AF 所组成，还有 MgO、Na_2O、K_2O 等其他组成。液相出现后，C_2S 和 CaO 都开始溶于其中，在液相中 C_2S 吸收游离氧化钙（CaO）形成 C_3S：

$$C_2S（液）+ CaO（液）\xrightarrow{1350 \sim 1450\,℃} C_3S（固）$$

大量 C_3S 的生成是在液相出现之后，普通硅酸盐水泥组成一般在 1300 ℃ 左右时就开始出现液相，而约在 1 350 ℃ 时 C_3S 形成的速度达到最快，一般在 1 450 ℃ 下绝大部分 C_3S 生成。

从上述的分析可知，熟料烧成的过程与液相形成温度、液相量、液相性质以及氧化钙、硅酸二钙溶解液相的溶解速度、离子扩散速度等因素有关。

2. 熟料中各矿物成分的性质

（1）硅酸三钙。

硅酸三钙是熟料的主要矿物，其含量通常为 50% 左右，有时甚至高达 60%。C_3S 在 1250 ~ 2 065 ℃ 温度稳定，在 2 065 ℃ 以上不一致，熔融为 CaO 与液相，在 1 250 ℃ 以下分解为 C_2S 和 CaO。实际上在 1 250 ℃ 以下分解为 C_2S 和 CaO 的反应进行得非常缓慢，致使纯的 C_3S 在室温下可以呈介质稳定状态存在。在硅酸盐水泥熟料中，并不是以纯的硅酸三钙存在，总含有少量其他氧化物，如 Al_2O_3 及 MgO，形成固溶体；还含有少量 Fe_2O、Ru、TiO_2 等。

C_3S 凝结时间正常，水化较快，水化热较高，抗水性较差，强度高，且强度增长率也大。

（2）硅酸二钙。

硅酸二钙在熟料中的含量一般为 20% 左右。纯的 C_2S 有四种晶形，即 α-C_2S、α'-C_2S、β-C_2S、γ-C_2S。纯的硅酸二钙在 1 450 ℃ 以下可进行多晶转变。熟料中的 C_2S 并不是以纯的形式存在。当硅酸二钙中固溶少量 As_2O_5、V_2O_5、Cr_2O_3、BaO、SrO、P_2O_5 等氧化物时，可以提高硅酸二钙的水硬活性。

C_2S 早期强度低，28 d 以前绝对强度和增进率都很低，但 3 ~ 6 个月后强度增进率大，1年后赶上或超过 C_3S 的强度。C_2S 的水化热很低。

（3）铝酸三钙。

熟料中铝酸钙主要是铝酸三钙（C_3A），有时还可能有七铝酸十二钙（$C_{12}A_7$）。铝酸三钙中可固溶部分氧化物，如 SiO_2、Fe_2O_3、MgO、K_2O、Na_2O、TiO_2 等。铝酸三钙密度为 3.04 g·cm^{-3}。

铝酸三钙水化迅速、放热多，如不加石膏缓凝，易使水泥快凝。它的强度在 3 天内就大部分发挥出来，但强度值不高，后期几乎不再增长，甚至倒缩。铝酸三钙的干缩变形大，抗硫酸盐性能差。

（4）铁铝酸四钙。

熟料中的铁铝酸四钙为 C_2F-C_8A_3F 连续固溶体系列中的一种成分。在一般水泥熟料中，其成分接近 C_4AF，所以可以用 C_4AF 来代表熟料中铁铝酸盐。当熟料中 $Al_2O_3/Fe_2O_3<0.64$ 时，可生成铁酸二钙（C_2F）。铁铝酸钙矿物中，尚溶有少量 MgO、SiO_2、Na_2O、K_2O、TiO_2 等氧化物。

铁铝酸四钙的水化速度在早期介于铝酸三钙和硅酸三钙之间，但随后的发展就不如硅酸三钙。它的强度早期类似于铝酸三钙，而在后期还能不断增长，类似于硅酸二钙。

（5）玻璃体。

在上面谈到的熟料的主要四种矿物组成中，还有一些中间物质，这些物质在熟料烧成温度下变成熔融体（液相）。在熟料冷却时，部分液相结晶，部分液相凝固成玻璃体。凝固成玻璃体的数量取决于冷却条件。如果 C_3A、C_4AF 结晶出来的数量多，则玻璃体的含量相对减少。普通冷却的熟料中含有玻璃体为 2%～21%，急冷熟料中为 8%～22%，慢冷熟料中为 0～2%。

由于玻璃体是高温熔融液相在冷却时来不及结晶而形成的，因而在玻璃体中，分子、原子、离子排列是无秩序的，组成也不固定，其主要成分为 Al_2O_3、Fe_2O_3、CaO、MgO、Na_2O、K_2O，由于玻璃体处于不稳定状态，因而其水化热大。在玻璃体中含 C_4AF 多时，会影响熟料的正常颜色，使熟料变为红黄。此外，生成较多的玻璃体能包住 β-C_2S，阻止其晶形转变。

（6）游离氧化钙和方镁石。

当配料不当、生料过粗或煅烧不良时，熟料中就会出现没有被吸收的以游离状态存在的氧化钙，称为游离氧化钙，又称游离石灰（f-CaO）。还可能由熟料慢冷或还原气氛使 C_3S 分解的 CaO。熟料中含的 K_2O、Na_2O 也比较多。它们可取代 C_2S、C_3A 及 C_3S 中的 CaO，而形成所谓的二次游离氧化钙。由于 MgO 与 SiO_2、Al_2O_3、Fe_2O_3 的化学亲和力小，因而在熟料煅烧过程中，氧化镁一般不与其他氧化物起化学作用。熟料煅烧过程中，氧化镁有一部分可与熟料矿物结合成固溶体以及溶于液相中，因此，当熟料中含有少量氧化镁时，能降低熟料液相生成温度，增加液相数量，降低液相黏度，有利于熟料形成，还能改善熟料色泽。多余的氧化镁结晶出来，呈游离状态，称为方镁石。

方镁石的水化比游离氧化钙更为缓慢，要几个月甚至几年才明显反映出来。水化生成氢氧化镁时，体积膨胀 148%，导致水泥安定性不良。方镁石膨胀的严重程度与其含量、晶体尺寸等都有关系。为此，国家标准规定：熟料中氧化镁的含量应小于 5%。但如水泥经压蒸安定性试验合格，熟料中氧化镁的含量可允许达 6%，并采用快冷、掺加混合材料等措施，可以缓和膨胀的影响。

综上所述，硅酸盐水泥熟料中含有多种矿物成分，但对水泥性能及煅烧起主要作用的是 C_3S、C_2S、C_3A、C_4AF 四种矿物组成。衡量水泥质量好坏的主要指标是水泥强度，而水泥强度又取决于熟料的矿物组成。在四种矿物中，C_3S 绝对强度最高，早期强度和后期强度都高，C_3S 的水化热也较高。C_2S 早期强度低，28 d 以前不论是绝对强度值或是增进率都是很低的，但 3～6 个月后强度增进率大，1 年后强度绝对值甚至赶上或超过 C_3S 的强度。C_2S 的水化热很低。C_3A 的水化硬化很快，3 d 就发挥出全部强度。但强度绝对值不高，后期强度甚至会降低。C_3A 的水化热高。C_4AF 的强度能不断增长。

必须指出：上述结论主要是根据单矿物水化特点得出的，还不能反映水泥在水化时各矿物间相互影响、互相促进的内在关系。同时，其他微量矿物含量虽少，但在一定条件下影响很大。尽管如此，单矿物的绝对强度及增进率，可以帮助我们分析与判断水泥的主要性能，判断水泥质量的变化和选择合理的矿物组成。

2.1.2　硅酸盐水泥熟料的化学成分

为了获得符合要求的熟料矿物组成，必须将生料中氧化钙、二氧化硅、三氧化二铝、三氧化二铁的质量百分含量控制在一定范围内，硅酸盐水泥熟料主要氧化物的含量波动范围如下（质量百分比）：

CaO	62% ~ 67%
SiO_2	20% ~ 24%
Al_2O_3	4% ~ 7%
Fe_2O_3	2.5% ~ 6.0%

除了以上四种主要氧化物外，硅酸盐水泥熟料中含有少量的其他氧化物，如 MgO、SO_3、Na_2O、K_2O、TiO_2、Mn_2O_3、P_2O_5 及烧失量。由于熟料中主要矿物是由各主要氧化物经高温煅烧化合而成，因此，我们可以根据氧化物的含量，推测出熟料中各矿物的含量，进而推测出水泥的性质。下面简述各氧化物在熟料中的作用：

1. 氧化钙

CaO 是熟料中最重要的化学成分，它与熟料中 SiO_2、Al_2O_3、Fe_2O_3 反应生成 Ca_2S、C_3S、C_3A、C_4AF 等水硬性矿物。增加熟料中氧化钙含量能增加 C_3S 含量，可提高水泥强度。但并不是说氧化钙含量越多越好，因为氧化钙过多，易产生未化合、呈游离状态存在于熟料中的游离氧化钙。游离氧化钙是水泥安定性不良的主要因素，因而氧化钙含量必须适当。如果熟料中氧化钙含量过低，则生成 C_3S 太少，C_2S 相应增加，水泥强度不高，若煅烧和冷却不好，还会引起熟料粉化，使水泥强度更低。

2. 二氧化硅

SiO_2 也是熟料中主要成分之一。它与 CaO 在高温下化合成硅酸盐矿物，因此，在水泥熟料中二氧化硅要保证有一定量。当熟料中 CaO 含量一定时，SiO_2 含量越高，生成 C_2S 的量就越多，C_3S 含量相应减少，会影响水泥质量。如果 SiO_2 含量高时，相应降低了 Al_2O_3 含量，则熔剂矿物增加，故（$C_2A + C_4AF$）减少，不利于 C_3S 的形成。如果 SiO_2 含量低时，相对提高了 Al_2O_3 和 Fe_2O_3 含量，则熔剂矿物增加，硅酸盐矿物相应减少，会降低水泥强度；同时，熔剂矿物过多，在回转窑内易引起结大块、结圈，在立窑内易结大块。

3. 三氧化二铝

Al_2O_3 在熟料煅烧过程中与 CaO、Fe_2O_3 发生固相反应，生成 C_3A、C_4AF。当 Al_2O_3 含量增加时，C_3A 增多，水泥凝结硬化变快，水化热变大。

三氧化二铝含量过高，则物料在烧成时表现为不耐火（易烧），但液相黏度较大，对 C_3S 形成速度不利。在立窑煅烧中，如液相黏度过大，容易结大块。

4. 三氧化二铁

Fe_2O_3 在煅烧过程中与 CaO、Al_2O_3 发生固相反应，生成 C_4AF，并熔融为液相，且液相黏度小。在煅烧时能降低熟料形成温度，加速 C_2S 的形成。但是，不适当地提高 Fe_2O_3 和 Al_2O_3 的含量，液相量过多，液相增长迅速，会使物料易结成大块而影响操作。

5. 氧化镁

在熟料中含有少量 MgO 能降低出现液相温度和黏度，有利于熟料烧成。但不能超过 5%，过高会造成水泥安定性不良。

6. 碱（$K_2O + Na_2O$）

物料在煅烧过程中，苛性碱、氯碱首先挥发，碳酸碱次之，硫酸碱较难。挥发到烟气中的碱在向窑尾运动时，只有一部分排入大气，其余部分则由于温度降低，又重新冷凝，被物料吸收。由于碱的熔点较低，含碱量高时，易导致结圈、结块。当生料中含碱量高时，对旋风预热器窑和窑外分解窑不利，为防止结皮、堵塞，要考虑旁路放风、冷凝与放灰等措施，以保证窑生产正常进行。

水泥熟料中含碱能使水泥凝结时间不正常，使水泥强度降低，在硬化过程中，使水泥表面褪色，而且还可能使某些水工混凝土因碱性膨胀而产生裂缝。

7. 三氧化硫

水泥熟料中 SO_3 由煤和生料带入，水泥中 SO_3 由石膏带入。适量的 SO_3 在熟料中可起矿化剂作用，在水泥中是缓凝剂。SO_3 过多会造成水泥安定性不良，这是由于当水泥硬化后，三氧化硫与含水铝酸钙生成水化硫铝酸钙，体积增大，产生内部应力的缘故。

8. 氧化钛

TiO_2 主要来自黏土，TiO_2 少量掺入，能提高熟料强度。掺入量以 0.5% ~ 1.0%为好。TiO_2 过高时，会降低水泥强度。

9. 五氧化二磷及其他

熟料中含有 0.1% ~ 0.3% P_2O_5 时，可以提高熟料强度；但随着含量增加，会使水泥强度下降，水泥硬化过程变慢。MnO_2 会改变水泥颜色（棕黄色）。

2.1.3　硅酸盐水泥熟料的率值及有关计算

水泥熟料率值是熟料中各种氧化物质量分数的比例关系，是质量控制和配料计算的主要依据，是生产控制中的重要指标。该指标直接决定水泥熟料的化学成分和矿物组成，与熟料质量及生料易烧性有较好的相关性。

率值的出现是随着生产发展和对熟料矿物不断深入研究的结果，且在不断完善。

1. 硅　率

硅率（硅酸率）表示水泥熟料中 SiO_2 与 Al_2O_3 及 Fe_2O_3 之和的比值，通常用 n 或 SM 表示：

$$n = \frac{SiO_2}{Al_2O_3 + Fe_2O_3}$$

根据硅率的大小，可以表示熟料中生成硅酸盐矿物（硅酸三钙与硅酸二钙之和）与熔剂矿物（铝酸三钙与铁铝酸四钙之和）的相对含量。

硅率过高时，即熔剂矿物减少，烧成温度要提高，立窑煅烧时，易产生风洞，回转窑煅烧时不易挂窑皮；提高硅率，还会减慢水泥的凝结和硬化。硅率过低时，即熔剂矿物过高，硅酸盐矿物减少，会降低熟料强度，在煅烧时易结大块。硅酸盐水泥熟料的硅率在 1.7～2.7 的范围内波动。

2. 铝　率

铝率也称为铝氧率或铁率，它是水泥熟料中 Al_2O_3 与 Fe_2O_3 的比值，常用 P 或 IM 表示：

$$P = \frac{Al_2O_3}{Fe_2O_3}$$

铝率是控制铝酸盐矿物与铁铝酸盐矿物相对含量的比例系数。

当 Al_2O_3 与 Fe_2O_3 的总和一定时，P 增大说明 C_3A 增加，C_4AF 降低，水泥趋于早凝早强，水泥中石膏掺加量也需相应增加；熟料煅烧时，液相黏度增加，不利于 C_2S 进一步与 CaO 化合成 C_3S。反之，当 P 过低时，说明 C_3A 降低，C_4AF 提高，水泥趋向于缓凝，早强低；熟料煅烧时，液相黏度小，有利于 C_3S 的形成，但液相黏度过小。由此可见，Fe_2O_3 在氧化燃烧气氛中，有助熔的积极作用，有利于石灰吸收过程在还原气氛中进行，但有影响 C_3S 稳定性的副作用。硅酸盐水泥熟料铝率在 0.9～1.7 波动。

3. 石灰饱和系数（KH）

所谓石灰饱和系数，即水泥熟料中总的氧化钙含量减去饱和酸性氧化物（Al_2O_3、Fe_2O_3 及 SO_3）所需氧化钙的量后，所剩下的氧化钙与理论上二氧化硅全部化合成硅酸三钙所需的氧化钙的量之比。简单地说，石灰饱和系数表示了二氧化硅被氧化钙饱和成硅酸三钙的程度，用数学式表达如下：

$$KH = \frac{CaO - (Al_2O_3 + 0.35Fe_2O_3 + 0.7SO_3)}{2.80SiO_2}$$

如果熟料中 $P = Al_2O_3/Fe_2O_3 = 0.64$ 时，熟料中的 Al_2O_3 和 Fe_2O_3 一起化合成 C_4AF，Al_2O_3 和 Fe_2O_3 都没有剩余，不能再生成 C_2A 和 C_2F；当 $P > 0.64$ 时，熟料中全部 Fe_2O_3 和 Al_2O_3 与 CaO 化合生成 C_4AF 外，尚有 Al_2O_3 剩余，这部分剩余的 Al_2O_3 与 CaO 化合生成 C_3A；当 $P < 0.64$ 时，熟料中的全部 Al_2O_3 和部分 Fe_2O_3 与 CaO 化合生成 C_4AF 外，尚有 Fe_2O_3 剩余，这部分剩余的 Fe_2O_3 与 CaO 化合生成 C_2F（铁酸二钙）。

所以当 $P > 0.64$ 时，熟料中的矿物为 C_3S、C_2S、C_2A 和 C_4AF；当 $P < 0.64$ 时，熟料中

的矿物为 C_3S、C_2S、C_4AF 和 C_2F。

根据以上分析,石灰饱和系数的数学式可表示如下:

当 $P \geqslant 0.64$ 时,有

$$KH = \frac{CaO - (1.65Al_2O_3 + 0.35Fe_2O_3 + 0.70SO_3)}{2.80SiO_2}$$

当 $P < 0.64$ 时,有

$$KH = \frac{CaO - (1.10Al_2O_3 + 0.70Fe_2O_3 + 0.70SO_3)}{2.80SiO_2}$$

以上两式中分子式前的系数,是由组成矿物的氧化物相对分子质量之比求出的。

若水泥熟料中含有 f-CaO 和 f-SiO$_2$,则石灰饱和系数用下式表示:

$$KH = \frac{CaO_总 - f\text{-}CaO - (1.65Al_2O_3 + 0.35Fe_2O_3 + 0.70SO_3)}{2.80(SiO_{2总} - f\text{-}SiO_2)}$$

一般工厂熟料中的 f-SiO$_2$ 和 SO$_3$ 含量很少,在计算生料石灰饱和系数时,f-CaO 也可略去。上式可简化成:

$$KH = \frac{CaO - (1.10Al_2O_3 + 0.70Fe_2O_3 + 0.70SO_3)}{2.80SiO_2}$$

从石灰饱和系数的定义得知,熟料中 SiO$_2$ 饱和时,$KH = 1$,熟料中的硅酸盐矿物全部为 C_3S。如果 $KH = 2/3 = 0.667$ 时,硅酸盐矿物全部为 C_2S,所以 KH 介于 $0.667 \sim 1.00$。在工厂生产条件下,为使煅烧过程中不致出现很多 f-CaO,石灰饱和系数一般控制在 $0.86 \sim 0.95$。KH 越大,C_3S 含量越高,C_2S 含量越低,此时料子难烧,如果煅烧充分,这种熟料制成的水泥硬化较快,强度高。KH 越小,说明 C_2S 含量越高,C_3S 含量越低,此时料子不耐火,由这种熟料制成的水泥硬化较慢,早期强度低。

4. 水泥熟料化学组成、矿物组成与率值的换算

(1)由矿物组成计算率值。

如前所述,率值不仅表示熟料中各氧化物之间的关系,同时也表示熟料矿物组成之间的关系。

石灰饱和系数表示 C_3S 与 C_2S 比例关系,其数学式如下:

$$KH = \frac{C_3S + 0.883\,8C_2S}{C_3S + 1.325\,6C_2S}$$

硅率表示 $C_3S + C_2S$ 与 $C_3A + C_4AF$ 含量的比例关系,其数学式如下:

$$n = \frac{C_3S + 1.325\,6C_2S}{1.434\,1C_3A + 2.046\,4C_4AF}$$

铝率表示 C_3A 与 C_4AF 含量的比例关系,其数学式如下:

$$P = \frac{1.150\,1\,C_3A}{C_4AF} + 0.638\,3$$

（2）由率值计算化学组成：

$$Fe_2O_3 = \frac{\sum}{(2.8KH+1)(P+1)n + 2.65P + 1.35}$$

$$Al_2O_3 = P \cdot Fe_2O_3$$

$$SiO_2 = n(Al_2O_3 + Fe_2O_3)$$

$$CaO = \sum - (SiO_2 + Al_2O_3 + Fe_2O_3)$$

式中，$\sum = CaO + SiO_2 + Al_2O_3 + Fe_2O_3$

（3）由率值计算矿物组成。

已知熟料矿物组成计算式如下：

$$C_3S = 3.80(3KH - 2)SiO_2$$

$$C_2S = 8.60(1 - KH)SiO_2$$

$$C_3A = 2.65Al_2O_3 - 1.69Fe_2O_3$$

$$C_4AF = 3.04Fe_2O_3$$

将有关等式代入上列式得

$$C_4AF = 3.04Fe_2O_3$$

$$C_3A = (2.65P - 1.69)Fe_2O_3$$

$$C_2S = 8.61n(P+1)(1 - KH)Fe_2O_3$$

$$C_3S = 3.60n(P+1)(3KH - 2)Fe_2O_3$$

式中，$Fe_2O_3 = \dfrac{\sum}{(2.8KH+1)(P+1)n + 2.65P + 1.35} \times 100\%$

【例 2.1】已知熟料率值为：$KH = 0.89$，$n = 2.10$，$P = 1.30$。计算熟料的矿物组成。

解：设 $\sum = 98\%$，则

$$Fe_2O_3 = \frac{98}{(2.8 \times 0.89 + 1)(1.3 + 1) \times 2.1 + 2.65 \times 1.3 + 1.35} \times 100\% = 4.52\%$$

$$C_4AF = 3.04Fe_2O_3 = 3.04 \times 4.52 \times 100\% = 13.80\%$$

$$C_3A = (2.65P - 1.69)Fe_2O_3 = (2.65 \times 1.30 - 1.69) \times 4.52 \times 100\% = 7.90\%$$

$$C_2S = 8.60n(P+1)(1 - KH)Fe_2O_3$$

$$= 8.60 \times 2.1 \times (1.3 + 1) \times (1 - 0.89) \times 4.52 \times 100\% = 20.70\%$$

$$C_3S = 3.80\, n(P+1)(3KH-2)Fe_2O_3$$

$$= 3.80 \times 2.1 \times (1.3+1) \times (3 \times 0.89 - 2) \times 4.52 \times 100\% = 55.60\%$$

$$C_3S + C_2S + C_3A + C_4AF = 55.60\% + 20.70\% + 7.90\% + 13.80\% = 98\%$$

【例 2.2】已知 $C_3S = 55.60\%$，$C_2S = 20.70\%$，$C_3A = 7.90\%$，$C_4AF = 13.80\%$。求三个率值。

解：$KH = \dfrac{C_3S + 0.883\,8C_2S}{C_3S + 1.325\,6C_2S} = \dfrac{55.60 + 0.883\,8 \times 20.70}{55.60 + 1.325\,6 \times 20.70} = 0.89$

$n = \dfrac{C_3S + 1.325\,6C_2S}{1.434\,1C_3A + 2.046\,4C_4AF} = \dfrac{55.60 + 1.325\,6 \times 20.3}{1.434\,1 \times 7.9 + 2.046\,4 \times 13.8} = 2.1$

$P = \dfrac{1.150\,1C_3A}{C_4AF} + 0.638\,3 = \dfrac{1.150\,1 \times 7.90}{13.80} + 0.638\,3 = 1.30$

2.2　硅酸盐水泥的原料、燃料及配料

　　生产硅酸盐水泥的主要原料是石灰质原料（主要供给氧化钙）和黏土质原料（主要供给二氧化硅、氧化铝以及少量氧化铁）。有时还要根据原料、燃料品质和水泥品种，掺加（铁质、硅质或铝质）校正原料以补充某些成分（如氧化铁、氧化硅或氧化铝）的不足。

　　为了改善烧成条件，促进煅烧过程，提高熟料产、质量及降低能耗，可掺加少量的萤石、石膏或铜矿渣等作为矿化剂，还可加入石膏用作水泥缓凝剂等。

　　随着工业的发展，综合利用工业废渣已成为水泥工业的一项重大任务。目前，粉煤灰、硫铁渣已用作水泥原料，赤泥、油页岩渣、电石渣等也在逐步利用，煤矸石、石煤等用来代替黏土质原料。

2.2.1　石灰质原料

　　凡是以碳酸钙为主要成分的原料都称为石灰质原料（如石灰石、白垩、泥灰岩、贝壳等），它是水泥生产中用量最大的一类原料。

1. 石灰石

　　我国生产水泥的石灰质原料主要是石灰石。我国石灰岩资源丰富，分布也非常广泛。石灰岩是一种沉积岩，主要由方解石微粒组成，根据成因可分为生物石灰岩，如贝壳石灰岩、珊瑚石灰岩等；化学石灰岩，如鲕状石灰岩、石印石、石灰华等；碎屑石灰岩。石灰岩中常有其他混合物，并含有白云石、黏土、石英或燧石等杂质。它根据所含混合物的不同可分为白云质石灰岩、黏土质石灰岩和硅质石灰岩。石灰石呈致密块状。纯净的石灰石是白色的，实际中，由于含有不同的杂质而成青灰、灰白、灰黑以及淡黄或浅红等不同颜色，最常见的为青灰色。方解石与石灰石莫氏硬度为 3，密度为 $2.6 \sim 2.8\ \mathrm{g \cdot cm^{-3}}$。

　　石灰石中的白云石（$CaCO_3 \cdot MgCO_3$）是熟料中 MgO 的主要来源。石灰石和白云石可用下列方法作初步鉴定：用 5% ~ 10% 的稀盐酸滴定在矿石上，若迅速而激烈地产生气泡，则可

初步鉴定这种矿石是石灰石。白云石遇盐酸也有气泡产生，但白云石石块与 10%盐酸反应迟缓，与 5%的盐酸几乎不起反应。因此，可以把石灰石和白云石区分开来。

燧石主要成分是 SiO_2，通常为褐黑色，凸出在石灰石表面或呈结核状夹杂在其中，质地坚硬，难以磨细与煅烧。

2. 大理石

大理石的主要成分为碳酸钙，是由石灰石或白云石受高温变质而成。大理石一般作装饰品用，加工时产生的废料可作为水泥的原料。但经过地质变化作用重结晶的大理石，结构致密，结晶完整粗大，亦不易磨细与煅烧。

2.2.2　黏土质原料

黏土质原料主要化学成分是二氧化硅，其次是三氧化二铝，还有少量三氧化二铁，主要是供给熟料所需要的酸性氧化物（SiO_2、Al_2O_3 和 Fe_2O_3）。一般生产 1 t 熟料需 0.3 ~ 0.4 t 黏土质原料。在生料中占 10% ~ 17%。

1. 黏土类

黏土主要由钾长石（$K_2O \cdot Al_2O_3 \cdot 6SiO_2$）、钠长石或云母（$K_2O \cdot 3Al_2O_3 \cdot 6SiO_2$）等矿物经风化及化学转化而生成的。

黏土的质量高低以黏土的化学成分（硅率、铝率）、含砂量、碱含量、黏土的可塑性、热稳定性、需水量等工艺性能衡量。这些性能随黏土中所含的主导矿物不同、黏粒多寡及杂质不同而异。所谓主导矿物，是指黏土同时含有几种黏土矿物时，其中含量最多的矿物。根据主导矿物的不同，可将黏土分成高岭石类、蒙脱石类与水云母类等。例如，南方的红壤与黄壤属于高岭石类，华北与西北的黄土属于水云母类。

2. 黄土类

黄土类包括黄土和黄土状亚黏土，原生的黄土以风积成因为主，主要分布于华北和西北地区。黄土状亚黏土为次生，以冲积成因为主，亦有坡积、洪积、淤积等成因。

黄土中的黏土矿物以伊利石为主，其次为蒙脱石、石英、长石、白云母、方解石、石膏等。由于黄土中含有细粒状、斑点状、薄膜状和结核状的碳酸钙，一般氧化钙含量在 5% ~ 10%。黄土中的碱（氧化钾、氧化钠）主要由云母、长石带入，一般在 3.5% ~ 4.5%。黄土的化学组成以 SiO_2 和 Al_2O_3 为主，硅率较高，在 3.5 ~ 4.5；铝率为 2.3 ~ 2.8。黄土的密度一般为 2.6 ~ 2.7 g·cm^{-3}，容积密度为 1.4 ~ 2.0 t·m^{-3}。黄土的水分随地区的降雨量而异。华北、西北地区的黄土水分一般在 10%左右。

3. 页岩、粉砂岩类

在我国很多地区都分布有页岩、泥岩、粉砂岩等，可用作黏土质原料。页岩、粉砂岩是由海相或陆相沉积，也有海陆相交互沉积，主要矿物为石英、长石类、云母、方解石以及其他岩石碎屑,颜色一般有灰黄、灰绿、黑灰及紫红等色。页岩的硅率较低,一般为 2.1 ~ 2.8,粉砂岩的硅率一般大于 3.0,铝率为 2.4 ~ 3.0,含碱量为 2% ~ 4%。

4. 河泥、湖泥类

靠近江河湖泊的湿法生产水泥厂可利用河床淤泥作为黏土质原料,由于河流的搬运作用,河水夹带泥沙不断淤积,可利用挖泥船在固定区域内进行采掘。这一类原料一般储量丰富,化学组成稳定。颗粒级配均匀,生产成本低,且不占农田。

在选用黏土质原料时,除注意黏土质原料的硅率和铝率外,还要求碱、氧化镁、三氧化硫、含砂量要小。如果黏土质原料中含有过多的石英砂,不但使生料不易磨细,而且会给煅烧带来困难,因为 α-石英不易与氧化钙化合,同时含砂量大,黏土塑性差,对生料成球不利,因此要求黏土中含砂量越低越好。黏土的含砂量可用水筛法测定,由于黏土的高度分散性,筛上的筛余物大多是石英砂。

2.2.3 校正原料、矿化剂及缓凝剂

1. 校正原料

当生料中某种成分不足时,常加入一定量含该成分较多的原料,这些原料称为校正原料。

(1)铁质校正原料。通常用含三氧化二铁大于 40% 的原料。常用的是硫铁渣(磷酸厂废渣)。低品位铁矿或炼铁尾矿也被常用。

(2)硅质校正原料。常用硅藻土、硅藻石、蛋白石、砂岩等。但砂岩是结晶二氧化硅,对粉磨、成球、煅烧不利。对硅质校正原料的要求是:硅率>4.0%,$SiO_2$70% ~ 90%,R_2O<4.0%。

(3)铝校正原料。常用炉渣、煤矸石、矾土等。铝质校正原料的要求是:$Al_2O_3 > 30\%$。

2. 矿化剂

一些外加物质在煅烧过程中能加速熟料矿物的形成,而本身不参加反应或只参加中间物的反应,这些物质统称为矿化剂。常用的矿化剂有:

(1)萤石。主要成分为氟化钙。在煅烧过程中,氟化钙可以加速碳酸钙的分解,破坏二氧化硅晶体,降低熔点;促进硅酸二钙和硅酸三钙的生成以获得高强快硬的熟料矿物。

萤石的加入要适量,为生料的 0.5% ~ 1.0%。加少了效果不明显,加多了不经济,会增大液相黏度,不利于硅酸三钙的形成,还会加剧对炉衬的腐蚀。

(2)石膏。在煅烧过程中硫酸钙能和硅酸钙、铝酸钙形成硫硅钙石($2C_2S \cdot CaSO_4$)和无水硫铝酸钙($4CaO \cdot 3Al_2O_3$),增大水泥强度和硬化速度。硫酸钙分解产物可以降低熟料形成时的液相黏度。增加液相量,有利于硅酸三钙的生成。

用作矿化剂,石膏掺入量为 2% ~ 4%,当加入量超过 5.3% 时游离氧化钙会显著增加。

其他矿化剂还有重晶石、氟化钙复合矿化剂等。

3. 缓凝剂

石膏是硅酸盐水泥的缓凝剂,当水泥熟料单独磨粉与水混合,很快就会凝结,使施工无法

进行。掺入适量的石膏可使凝结速度减小，同时也能提高水泥的早期强度，改善水泥的性能。

一般熟料中只要加入 3% ~ 6% 的石膏即可。对含硅酸三钙较多的熟料应多加点，但掺入过多的石膏会影响水泥的长期安定性。

2.2.4　水泥工业用燃料

水泥工业是消耗大量燃料的工业。燃料按其物理状态不同，可分为固体燃料、液体燃料和气体燃料三种。我国水泥工业主要采用固体燃料煅烧水泥熟料。回转窑工厂采用烟煤，立窑工厂则采用无烟煤和焦炭屑。

1. 煤的种类

煤是古代植物埋藏在地下经历了复杂的生物化学和物理化学变化逐渐形成的固体可燃性矿物。根据其碳化程度可以分为泥煤、褐煤、烟煤和无烟煤四大类。

（1）无烟煤。

无烟煤又称为硬煤、白煤，是一种炭化程度较深，可燃基挥发分含量小于 10% 的煤。其应用基低热值一般为 20 934 ~ 29 308 kJ·kg^{-1}，结构致密坚硬，有金属光泽，密度较大，含碳量高，着火温度高达 600 ~ 700 ℃，燃烧火焰短，是水泥立窑的主要燃料。我国无烟煤资源颇为丰富，但全国约有 4/5 的无烟煤资源集中在山西和贵州两省。

（2）烟煤。

烟煤是一种炭化程度较深，可燃基挥发分含量为 15% ~ 40% 的煤。其燃烧火焰较长而多烟，应用基低热值一般为 20 934 ~ 31 401 kJ·kg^{-1}，结构致密较为坚硬，密度较大，着火温度为 400 ~ 500 ℃，燃烧过程中灰渣具有一定黏结性，根据此特性有些烟煤可以炼焦。烟煤是回转窑煅烧水泥的主要燃料。

（3）褐煤。

褐煤是挥发分含量较高，炭化程度较浅的一种煤，褐色，无光泽，有时可以清楚看出原来木质的痕迹。褐煤通常有两种：一种为土状褐煤，质地疏松而较软；另一种为暗色褐煤，质地致密而较硬。褐煤的热值为 8 374 ~ 18 841 kJ·kg^{-1}。褐煤可燃基挥发分可达 40% ~ 60%，灰分为 20% ~ 40%。褐煤中自然水分含量较大，性质不稳定，易风化或粉碎，且易发生自燃，我国云南等省褐煤储量较丰富。

（4）泥煤。

碳化程度最低，发热量低，挥发分高，水泥工业中不使用。

2. 煤的化学成分

煤是由有机物和无机物组成的复杂混合物，主要含有碳元素，此外还有少量的氢、氧、氮、硫和磷等元素以及无机矿物质（主要含有硅、铝、钙、铁等元素）。煤中有机物是复杂的高分子有机化合物，碳、氢、氧三者总和占有机质的 95% 以上。

煤的分析方法通常有两种：元素分析和工业分析。元素分析得出煤的主要元素百分数，如碳、氢、氧、氮、硅等。元素分析方法对于精确地进行燃烧计算来说是十分必要的。煤的工业分析是指包括煤的水分（M）、灰分（A）、挥发分（V）和固定碳（C）四个分析项目，能够较好反映煤在窑炉中的燃烧状况，且分析手续简单，因此，水泥厂一般只作工业分析。

3. 回转窑对燃煤的质量要求

（1）热值。

对燃煤的热值要求越高越好，这可提高发热能力和煅烧温度，因而可提高熟料产、质量。

（2）挥发分。

煤的挥发分和固定炭是可燃成分。挥发分高的煤着火快，火焰长。挥发分低的煤则不易着火，高温比较集中。为使回转窑火焰长些、煅烧均匀些，一般要求煤的挥发分为 22% ~ 32%。

（3）灰分。

煤的灰分是煤燃烧后残留的灰渣。在水泥生产中，煤灰全部或部分进入熟料中。因而影响熟料的化学成分，须在配料时，事先加以考虑。灰分太多，热值低，降低窑的发热能力和降低熟料产量、质量。一般要求灰分小于 27%。

（4）水分。

煤粉水分高，使燃烧速度减慢，降低火焰温度。但少量水分存在能促进碳和氧的化合，并且在发火后，能提高火焰的辐射能力，因此煤的干燥不应过分，一般水分控制在 1.0% ~ 1.5%。

（5）细度。

回转窑用煤作燃料时，须将块煤磨成煤粉再行入窑。细度太粗，则燃烧不完全，增加燃料消耗；煤粉细，燃烧迅速完全。但也不能过细，过细则会降低磨机产量，增加煤磨电耗。

煤粉细度一般控制在 0.080 mm 的方孔筛筛余为 8% ~ 15%。

4. 立窑用煤要求

立窑用煤要求挥发分低于 10% 的无烟煤或焦炭屑。挥发分高的煤，是不适用于立窑的，因为在立窑煅烧过程中，含有煤的生料球由窑顶喂入窑内时，在预热带和废烟气相遇而受热，煤中的挥发分逸出，由于缺氧而不能燃烧，随烟气带走，损失热量。煤的灰分低，发热量高，可提高立窑熟料产量和质量。

立窑对低质煤有较大适应性。可将低质煤和原料配合，一起粉磨，这样煤的灰分在熟料中分布就较均匀，热量也可以得到发挥。

加入生料中的外加煤应破碎到一定粒度，一般要求全部通过 5 mm 方孔筛，小于 3 mm 的煤粒应大于 90%。

2.2.5　硅酸盐水泥生料的配料

水泥生产配料就是根据原料化学成分，按一定的比例配合，以达到合理熟料成分的要求。配料是水泥生产中的一个重要环节。

1. 配料过程

（1）根据水泥品种、原燃材料品质、工厂具体生产条件等选择合理的熟料矿物组成或率值，然后据确定的熟料矿物组成和熟料率值以及原、燃料化学成分，计算出原料配比。

（2）根据计算结果配制好生料。

（3）通过生产控制，保证配料方案的实现。

2. 配料方案的依据

（1）水泥品种和使用的要求。

为了满足不同品种及强度等级的要求，配料时应选择不同矿物组成。例如，生产早强型水泥，要求早期强度高，故 C_3S 和 C_3A 含量要适当提高，随着 KH 提高，C_3S 含量也随之增加。如煅烧充分，熟料强度就会提高；如 KH 过高，由于煅烧条件不能适应，C_2S 和 CaO 不能完全反应形成 C_3S，致使 f-CaO 过高，造成安定性不良，熟料强度反而不高。因此，应在煅烧条件允许的情况下，适当提高熟料的 KH，这样可有效地提高熟料质量，生产早强型或较高强度等级的水泥。在生产条件相同的情况下，采用矿化剂或复合化剂时，熟料 KH 可适当提高，以提高熟料质量，并保证产品安定性合格。

在选择 KH 值时，要同时考虑 n 值要适当。因为要有一定数量的硅酸盐矿物，才能使熟料具有较高强度，低硅率方案的液相数量较多，因其硅酸盐矿物含量较少，有可能降低水泥强度。KH 高，n 也高时，熔剂矿物含量也就少，f-CaO 吸收反应不易完全，f-CaO 高，使水泥安定性不良。高铝率方案早期强度高，但会增加液相黏度，使 f-CaO 不易吸收。高铁率配料方案黏度低，f-CaO 容易吸收，但有结大块等缺点。当生产特殊用途的硅酸盐水泥时，就应根据它的特殊要求选择合适的熟料矿物组成。

（2）原料质量。

原料的质量对熟料组成的选择有较大的影响。例如，石灰石品位低，而黏土氧化硅含量不高，就无法提高 KH 和 n 值。如石灰石中含燧石多，黏土中含砂多，生料易烧性差，熟料难烧，要适当降低 KH 以适应原料的实际情况。生料易烧性好，可以选择高 KH、高 n 的配料方案。

（3）燃料品质。

煅烧熟料所需的煅烧温度和保温时间，取决于燃料的质量。煤燃烧后的灰分几乎全部掺入熟料中，直接影响熟料的成分和性质，因此，煤质好、灰分小，可适当提高熟料的 KH 值。如煤质差，灰分高，相应降低熟料的 KH 值。当煤质变化较大时，应考虑进行煤的预均化。

（4）工艺及煅烧条件。

物料在不同类型窑内的受热情况和煅烧过程不完全相同，率值的选择应有所不同。对于预分解窑，由于物料预热好，热工制度稳定，一般考虑中 KH、高 n、高 P 的配料方案。一般回转窑，由于物料不断翻滚，受热均匀和煤灰掺入均匀，配料可选用较高的 KH；立窑由于通风、煅烧很不均匀，因此 KH、n 应适当降低。

第 3 章　硅酸盐水泥的质量标准及工业检测项目

3.1　水泥质量标准概述

标准在质量管理中是衡量产品质量的基本准绳，其决定了产品的技术水平，对劳动生产率的增长、技术的创新以及社会经济的增长均有积极的影响。水泥的标准化，不但是工程建设质量的根本保证，而且大大促进水泥质量的提高，有利于资源合理利用以及新品种水泥的研发推广，对水泥工业结构及其发展方向有重要影响。

国家标准是指由国家标准化主管机构批准发布，对全国经济、技术发展有重大意义，且在全国范围内统一的标准。国家标准是在全国范围内统一的技术要求，由国务院标准化行政主管部门编制计划，协调项目分工，组织制定（含修订），统一审批、编号、发布。

我国水泥标准的发展，经历从无序到有序，从萌芽到发展、完善、成熟，并与国际接轨几个阶段。新中国成立初期，我国水泥生产非常落后，年产量仅 6×10^5 t（1949 年），没有统一的水泥产品标准和检验方法，因而水泥质量和管理混乱，处于一种无序状态。为了改变这种状况，1952 年后我国先后采用日本和苏联实施验标准为蓝本制定了一些国家统一水泥标准。改革开放后，我国水泥标准水平的不断进步和完善，带动了水泥工业生产技术水平也大幅提高。1977 年以提高水泥质量为中心对水泥标准进行了一次重大修订，确立了我国五大通用硅酸盐水泥标准的基础。随着改革开放的深入，我国开始积极引用欧美等先进国家标准，标准的质量和水平也明显提高。水泥产量迅猛发展，连续 10 余年位居世界首位。

2007 年 11 月 9 日国家质检总局、国家标准化委员会于联合发布了《通用硅酸盐水泥》（GB 175—2007）国家新标准，标准实施日期为 2008 年 6 月 1 日。该标准是在大量试验和多次征求意见的基础上完成的，主要将以前 GB175—1999、GB1344—1999、GB12958—1999三项国家标准合而为一，在技术要求、混合材品种和掺量、合格判定等方面做了较大的变动，特别是在水泥品种划分、混合材种类限定、取消 P.O32.5、增加水泥出厂合格证内容等方面做了详细规定。以下介绍这个标准的基本内容。

行业标准是由国务院主管部门制定，并报国务院标准化行政主管部门备案批准发布，在该部门范围内统一使用的标准。行业标准是对没有国家标准又需要在全国某个行业范围内统一的技术要求，作为对国家标准的补充，但当相应的国家标准实施后，该行业标准应自行废止。水泥生产中也常引用建材行业标准，标准代号为 JC。本书也引用部分行业标准。

3.2 通用硅酸盐水泥国家标准

3.2.1 定义与分类

1. 定 义

通用硅酸盐水泥（Common Portland Cement）：以硅酸盐水泥熟料、适量的石膏及规定的混合材料制成的水硬性胶凝材料。

2. 分 类

通用硅酸盐水泥按混合材料的品种和掺量分为硅酸盐水泥、普通硅酸盐水泥、矿渣硅酸盐水泥、火山灰质硅酸盐水泥、粉煤灰硅酸盐水泥和复合硅酸盐水泥。各品种的组分和代号应符合下述表 3-2-1 的规定。

3.2.2 组分与材料

1. 组 分

通用硅酸盐水泥的组分应符合表 3-2-1 的规定。

表 3-2-1 通用硅酸盐水泥组分

品 种	代 号	组 分（质量分数）				
		熟料+石膏	粒化高炉矿渣	火山灰质混合材料	粉煤灰	石灰石
硅酸盐水泥	P·Ⅰ	100	—	—	—	—
	P·Ⅱ	≥95	≤5	—	—	
						≤5
普通硅酸盐水泥	P·O	≥80 且<95	>5 且≤20①			
矿渣硅酸盐水泥	P·S·A	≥50 且<80	>20 且≤50②	—	—	—
	P·S·B	≥30 且<50	>50 且≤70②	—	—	—
火山灰硅酸盐水泥	P·P	≥60 且<80		>20 且≤40③	—	—
粉煤灰硅酸盐水泥	P·F	≥60 且<80	—		>20 且≤40④	—
复合硅酸盐水泥	P·C	≥50 且<80	>20 且≤50⑤			

注：① 本组分材料为符合本标准 2.（3）的活性混合材料，其中允许用不超过水泥质量 8%且符合本标准 2（4）的非活性混合材料或不超过水泥质量 5%且符合本标准 2（5）条的窑灰代替。
　　② 本组分材料为符合 GB/T 203 或 GB/T 18046 的活性混合材料，其中允许用不超过水泥质量 8%且符合本标准 2（3）条的活性混合材料或符合本标准第 2.（4）条的非活性混合材料或符合本标准第 2.（5）条的窑灰中的任一种材料代替。
　　③ 本组分材料为符合 GB/T 2847 的活性混合材料。
　　④ 本组分材料为符合 GB/T 1596 的活性混合材料。
　　⑤ 本组分材料为由两种（含）以上符合本标准第.2.（3）条的活性混合材料或/和符合本标准第 2（4）条的非活性混合材料组成，其中允许用不超过水泥质量 8%且符合本标准第 2.（5）条的窑灰代替。掺矿渣时混合材料掺量不得与矿渣硅酸盐水泥重复。

2. 材　料

（1）硅酸盐水泥熟料。

由主要含 CaO、SiO_2、Al_2O_3、Fe_2O_3 的原料，按适当比例磨成细粉烧至部分熔融所得以硅酸钙为主要矿物成分的水硬性胶凝物质。其中硅酸钙矿物不小于 66%，氧化钙和氧化硅质量比不小于 2.0。

（2）石膏。

天然石膏：应符合 GB/T 5483 中规定的 G 类或 M 类二级（含）以上的石膏或混合石膏。

工业副产石膏：以硫酸钙为主要成分的工业副产物。采用前应经过试验证明对水泥性能无害。

（3）活性混合材料。

符合 GB/T 203、GB/T 18046、GB/T 1596、GB/T 2847 标准要求的粒化高炉矿渣、粒化高炉矿渣粉、粉煤灰、火山灰质混合材料。

（4）非活性混合材料。

活性指标分别低于 GB/T 203、GB/T 18046、GB/T 1596、GB/T 2847 标准要求的粒化高炉矿渣、粒化高炉矿渣粉、粉煤灰、火山灰质混合材料；石灰石和砂岩，其中石灰石中的三氧化二铝含量应不大于 2.5%。

（5）窑灰。

符合 JC/T 742 的规定。

（6）助磨剂。

水泥粉磨时允许加入助磨剂，其加入量应不超过水泥质量的 0.5%，助磨剂须符合 JC/T 667 规定。

3.2.3　强度等级

（1）硅酸盐水泥的强度等级分为 42.5、42.5R、52.5、52.5R、62.5、62.5R 六个等级。

（2）普通硅酸盐水泥的强度等级分为 42.5、42.5R、52.5、52.5R 四个等级。

（3）矿渣硅酸盐水泥、火山灰质硅酸盐水泥、粉煤灰硅酸盐水泥、复合硅酸盐水泥的强度等级分为 32.5、32.5R、42.5、42.5R、52.5、52.5R 六个等级。

3.2.4　技术要求

1. 化学指标

化学指标应符合表 3-2-2 中的规定。

表 3-2-2　化学指标（%）

品　种	代　号	不溶物（质量分数）	烧失量（质量分数）	三氧化硫（质量分数）	氧化镁（质量分数）	氧离子（质量分数）
硅酸盐水泥	P·I	≤0.75	≤3.0	≤3.5	≤5.0[①]	≤0.06[③]
	P·II	≤1.50	≤3.5			

续表 3-2-2

品　种	代号	不溶物（质量分数）	烧失量（质量分数）	三氧化硫（质量分数）	氧化镁（质量分数）	氧离子（质量分数）
普通硅酸盐水泥	P·O	—	≤5.0			
矿渣硅酸盐水泥	P·S·A	—	—	≤4.0	≤6.0②	
	P·S·B	—	—		—	
火山灰硅酸盐水泥	P·P					
粉煤灰硅酸盐水泥	P·F			≤3.5	≤6.0②	
复合硅酸盐水泥	P·C					

注：① 如果水泥压蒸试验合格，则水泥中氧化镁的含量（质量分数）允许放宽至 6.0%。
　　② 如果水泥中氧化镁的含量（质量分数）大于 6.0%时，需进行水泥压蒸安定性试验并合格。
　　③ 当有更低要求时，该指标可由买卖双方协商确定。

2. 碱含量（选择性指标）

泥中碱含量按 $Na_2O + 0.658K_2O$ 计算值来表示，若使用活性集料，用户要求提供低碱水泥时，水泥中碱含量应不大于 0.6%或由买卖双方商定。

3. 物理指标

（1）凝结时间。

硅酸盐水泥初凝时间不得早于 45 min，终凝不得大于 390 min；普通水泥初凝不得早于 45 min；终凝不得大于 390 min。

（2）安定性。

沸煮法检验合格。

（3）强度。

不同品种不同强度等级的通用水泥的各龄期强度应符合表 3-2-3 的规定。

表 3-2-3　各强度等级水泥的各龄期强度（MPa）

品　种	强度等级	抗压强度		抗折强度	
		3 d	28 d	3 d	28 d
硅酸盐水泥	42.5	≥17.0	≥42.5	≥3.5	≥6.5
	42.5R	≥22.0		≥4.0	
	52.5	≥23.0	≥52.5	≥4.0	≥7.0
	52.5R	≥27.0		≥5.0	
	62.5	≥28.0	≥62.5	≥5.0	≥8.0
	62.5R	≥32.0		≥5.5	

续表 3-2-3

品　种	强度等级	抗压强度		抗折强度	
		3 d	28 d	3 d	28 d
普通硅酸盐水泥	42.5	≥17.0	≥42.5	≥3.5	≥6.5
	42.5R	≥22.0		≥4.0	
	52.5	≥23.0	≥52.5	≥4.0	≥7.0
	52.5R	≥27.0		≥5.0	
矿渣硅酸盐水泥 火山灰硅酸盐水泥 粉煤灰硅酸盐水泥 复合硅酸盐水泥	32.5	≥10.0	≥32.5	≥2.5	≥5.5
	32.5R	≥15.0		≥3.5	
	42.5	≥15.0	≥42.5	≥3.5	≥6.5
	42.5R	≥19.0		≥4.0	
	52.5	≥21.0	≥52.5	≥4.0	≥7.0
	52.5R	≥23.0		≥4.5	

（4）细度（选择性指标）。

硅酸盐水泥和普通硅酸盐水泥以比表面积表示，不小于 300 $m^2 \cdot kg^{-1}$；矿渣硅酸盐水泥、火山灰质硅酸盐水泥、粉煤灰硅酸盐水泥和复合硅酸盐水泥以筛余表示，80 μm 方孔筛筛余不大于 10%或 45 μm 方孔筛筛余不大于 30%。

3.2.5　试验方法

1. 组　分

由生产者按 GB/T 12960 或选择准确度更高的方法进行。在正常生产情况下，生产者应至少每月对水泥组分进行校核，年平均值应符合本标准中表 3-2-1 的规定，单次检验值应不超过本标准规定最大限量的 2%。

为保证组分测定结果的准确性，生产者应采用适当的生产程序和适宜的方法对所选方法的可靠性进行验证，并将经验证的方法形成文件。

2. 不溶物、烧失量、氧化镁、三氧化硫和碱的含量

按 GB/T 176 进行。

3. 压蒸安定性

按 GB/T 750 进行试验。

4. 氯离子

按 JC/T 420 进行。

5. 标准稠度用水量、凝结时间和安定性

按 GB/T 1346 进行。

6. 强　度

按 GB/T 17671 进行试验。但火山灰质硅酸盐水泥、粉煤灰硅酸盐水泥、复合硅酸盐水泥和掺火山灰质混合材料的普通硅酸盐水泥在进行胶砂强度检验时，其用水量按 0.50 水灰比和胶砂流动度不小于 180 mm 来确定。当流动度小 180 mm 时，须以 0.01 的整倍数递增的方法将水灰比调整至胶砂流动度不小于 180 mm。

胶砂流动度试验按 GB/T 2419 进行，其中胶砂制备按 GB/T 17671 进行。

7. 比表面积

按 GB/T 8074 进行。

8. 80 μm 和 45 μm 筛余

按 GB/T 1345 进行试验

3.2.6　检验规则

1. 编号及取样

水泥出厂前按同品种同强度等级编号和取样。袋装水泥和散装水泥应分别进行编号和取样。每一编号为一取样单位。水泥出厂编号按年生产能力规定为：

200×10^4 t 以上，不超过 4 000 t 为一编号；$120 \times 10^4 \sim 200 \times 10^4$ t，不超过 2 400 t 为一编号；$60 \times 10^4 \sim 120 \times 10^4$ t，不超过 1 000 t 为一编号；$30 \times 10^4 \sim 60 \times 10^4$ t，不超过 600 t 为一编号；$10 \times 10^4 \sim 30 \times 10^4$ t，不超过 400 t 为一编号；10×10^4 t 以下，不超过 200 t 为一编号。

取样方法按 GB/T 12573 进行。可连续取，亦可从 20 个以上不同部位取等量样品，总量至少 12 kg。当散装水泥运输工具的容量超过该厂规定出厂编号吨数时，允许该编号的数量超过取样规定吨数。

2. 水泥出厂

经确认水泥各项技术指标及包装质量符合要求时方可出厂。

3. 出厂检验

出厂检验项目为本标准化学指标（3.2.4 技术要求 1）和物理指标（3.2.4 技术要求 3）。

4. 判定规则

（1）出厂检验结果符合本标准化学指标（3.2.4 技术要求 1）和物理指标（3.2.4 技术要求 3）的技术要求时，判为出厂检验合格。

（2）当出厂检验结果不符合本标准化学指标（3.2.4 技术要求 1）和物理指标（3.2.4 技术要求 3）的技术要求中任何一项技术要求为不合格品。

5. 检验报告

检验报告应包括出厂检验项目、细度、混合材料品种与掺加量、石膏与助磨剂的品种及掺加量、属旋窑或立窑生产及合同约定的技术要求。当用户需要时，生产者应在水泥发出之日起 7 d 内寄发除 28 d 强度以外的各项检验结果，32 d 内补报 28 d 强度的检验结果。

6. 交货与验收

（1）交货时水泥的质量验收可取实物试样以其检验结果为依据，也可以生产者同编号水泥的验收报告为依据。采取何种方法验收由买卖双方商定，并在合同或协议中注明。卖方有告知买方验收方法的责任。当无书面合同或协议，或未在合同、协议中注明验收方法的，卖方应在发票上注明"以本厂同编号水泥的验收报告为验收依据"字样。

（2）以抽取实物试样的检验结果为验收依据时，买卖双方应在发货前或交货地共同取样和签封。取样方法按 GB 12573 进行，取样数量为 20 kg，缩分为两等份，一份由卖方保存 40 d，另一份由买方按标准规定的项目和方法进行检验。

在 40 d 内，买方检验认为声品质量不符合本标准要求，而卖方又有异议时，则双方应将卖方保存的另一份试样送省级或省级以上国家认可的水泥质量监督检验机构进行仲裁检验。水泥安定性仲裁检验时，应在取样之日起 10 d 以内完成。

（3）以生产者同编号水泥的检验报告为验收依据时，在发货前或交货时买方在同编号水泥中取样，双方共同签封后由卖方保存 90 d，或认可卖方自行取样、签封并保存 90 d 的同编号水泥的封存样。在 90 d 内，买方对水泥质量有疑问时，则买卖双方应将共同认可的试样送省级或省级以上国家认可的水泥质量监督检验机构进行仲裁检验。

3.2.7　包装、标志、运输与储存

1. 包　装

水泥可以散装或袋装，袋装水混每袋净含量为 50 kg，且应不少于标志质量的 99%；随机抽取 20 袋总质量（含包装袋）应不少于 1 000 kg。其他包装形式由供需双方协商确定，但有关袋装质量要求，应符合上述规定。水泥包装袋应符合 GB 9774 的规定。

2. 标　志

水泥包装袋上应清楚标明：执行标准、水泥品种、代号、强度等级、生产者名称、生产许可标志（QS）及编号、出厂编号、包装日期、净含量。包装袋的两侧应根据水泥的品种采用不同的颜色印刷水名称和强度等级，硅酸盐水泥和普通硅酸盐水泥采用红色，矿渣硅酸盐水泥采用绿色；火山灰质硅酸盐水泥、粉煤灰硅酸盐水泥和复合硅酸盐水泥采用黑色或蓝色。

散装水泥运输时应提交与袋装标志相同内容的卡片。

3. 运输与储存

水泥在运输与储存时不得受潮和混入杂物,不同品种和强度等级的水泥避免混杂。

3.3　我国与欧、美、日本等国家通用水泥标准的比较

由于水泥品种繁多,各国都根据各自国民经济发展的需要和各国具体条件,制定本国的标准。目前,世界上水泥标准按水泥检验方法不同可分为国际(ISO)法和美国(ASTM)法两大类。另外,欧盟国家也普遍采用欧洲(EN)法。

世界各国对硅酸盐系列水泥的品种的划分有所不同。我国根据本国情况,将目前通用水泥分为六大类;而欧洲标准 EN197《通用水泥的组成、规格要求和合格评定准则》对通用水泥品种的划分则更为具体,共分五类 27 个品种。但我国与欧洲、美国、日本等发达国家、地区通用水泥标准中水泥品种划分相比,对硅酸盐系列水泥的基本性能和应用范围的理解是一致的。我们可以从通用水泥标准的命名与组成、不同品种水泥允许加入不同掺量的矿渣、粉煤灰等工业废渣,强度检验方法,采用 ISO 标准等方面看出各国水泥标准逐渐趋于一体化。但由于水泥生产、销售、使用都受地域限制,因此各国在水泥标准中依据本国资源、工业废渣等情况对掺加混合材的种类和最高掺量的规定是不同的。与欧洲水泥标准中混合材的最高允许掺量相比,我国、日本、美国均为 70%;粉煤灰和火山灰的允许掺量各国较接近(在德国粉煤灰只允许掺到 20%,美国不允许掺加),但欧洲、德国、日本对掺混合材水泥依据掺量又进行了细分,这样非常利于水泥使用部门根据工程需要进行选择。欧洲水泥标准中复合水泥的混合材总量高达 80%,而我国规定为 50%,德国仅为 20%。总体来看,我国水泥标准对水泥品种的划分方面,与发达国家差距不大。

3.4　水泥生产的主要检测项目

水泥生产是流水线式的多工序连续生产过程,各工序之间关系密切,每道工序都会对最终的产品质量产生影响。为此,水泥生产企业根据工艺流程对生产全部工序,从矿山到水泥出厂过程进行质量管理和控制,设置质量控制点和检测项目。化验人员必须按照有关标准和规定,对原燃材料、半成品、成品进行检验和测试并按规定做好质量记录和标识。将准确、可靠的检验数据及时提供给有关生产部门。表 3-4-1 是一个大型干法预分解回转窑质量控制点和检测项目。不同的水泥生产企业和工厂,可根据自己的不同生产条件和产品要求,采用不同的质量控制管理方案,其检查项目也会有所不同。

表 3-4-1　干法预分解回转窑生产质量控制表

序号	检测名称	控制项目	质量控制指标	合格率	取样点	检测频次	试验方法	备注
1	石灰石	$CaCO_3$	—	—	炮堆、炮孔	炮孔或孔后每次放炮后	简易分析荧光分析	

续表 3-4-1

序号	检测名称	控制项目	质量控制指标	合格率	取样点	检测频次	试验方法	备注
2	石灰石	$CaCO_3$	92.0%±2%	90%	入堆场皮带	1次/4小时	简易分析	每日1次荧光分析 每旬1次全分析
		粒度	≤70 mm	90%		1次/日		
		水分	≤2.0%	90%		1次/日		
3	进厂砂岩	SiO_2	≥79.0%	90%	堆场	1次/批	荧光分析	每旬分析1次合并样
		粒度	≤30 mm	85%			简易分析	
		水分	≤12.0%	90%				
4	进厂铁质原料	Fe_2O_3	铁矿石≥25%	85%	堆场	1次/批	荧光分析	每旬全分析1次合并样
		粒度	≤40 mm	95%			简易分析	
		水分	≤16%	85%				
5	进厂黏土	SiO_2	6.0%±5%	90%	堆场	1次/批	荧光分析	每旬全分析1次合并样
		Al_2O_3	90%	80%			简易分析	
		水分	≤18.0%	85%				
6	进厂原煤	水分	≤8.0%	90%	堆场	1次/批	工业分析	每旬全分析1次合并样
		挥发分	无烟煤≥5%	90%				
			烟煤≥22%	90%				
		灰分	≤32%	90%				
		发热量	≥5 200 kcal·kg^{-1}[①]	90%				
		全硫	≤1.0%	90%				
7	进厂石膏	SO_3	二水石膏≥35%	90%	混合材堆场	1次/批	简易分析	每旬全分析1次合并样
			磷石膏≥40%	90%				
		水分	二水石膏≤5%	90%				
			磷石膏≤12%	90%				
		结晶水	≥10%	90%				
8	入堆原煤	灰分	30%±2.0%	90%	入均化堆场皮带	1次/2小时	简易分析	
9	粉煤灰	水分	≤1.0%	90%	粉煤灰散装车	1次/批	化学分析	每旬全分析1次合并样
		烧失量	≤8.0%	90%				
		SO_3	≤3.0%	90%				
		f-CaO	≤1.0%	90%				
10	火山灰	水分	≤5.0%	90%	堆场	1次/批	简易分析	每旬全分析1次合并样
		烧失量	≤8.0%	90%				
		粒度	≤30 mm	90%				
		SO_3	≤3.0%	90%				

续表 3-4-1

序号	检测名称	控制项目	质量控制指标	合格率	取样点	检测频次	试验方法	备注
11	出磨生料	水分	≤0.5%	90%	取样器	1次/1小时	简易分析	
		细度	0.08 mm≤16.0% 0.2 mm≤2.0%	90%				
		KH	K=±0.02%	85%			荧光分析	
		SM	K=±0.1%	85%				
12	入窑生料	KH	K=±0.02%	90%	取样器	1次/2小时	荧光分析	全分析1次/日
		SM	K=±0.1%	90%				
		分解率	88%~94%	90%	CS下料管	1次/日	简易分析	
13	入窑煤粉	水分	≤1.5%	90%	取样器	1次/2小时	简易分析	每旬全分析1次合并样
		细度	≤3.0%	90%				
		灰分	相邻±2.0%②	90%				
14	出窑熟料	KH	0.90±0.02	90%	拉链机	1次/2小时	荧光分析	每日全分析1次
		SM	2.45±0.1	90%				
		IM	1.60±0.1	90%				
		f-CaO	≤1.20%	90%	拉链机	1次/2小时	简易分析	
		立升重	≥1 200 g·L⁻¹	90%	拉链机	1次/4小时		
		强度	3 d≥30.0 MPa 28 d≥60.0 MPa	90%	拉链机合并	1次/日	全套物检	
15	石灰石混合材	粒度	≤25 mm	90%	石灰石堆场	1次/日	荧光分析	
		CaO	≥52.0%	90%				
		Al₂O₃	≤2.5%	90%				
16	出磨水泥	细度	≤2.0%	90%	取样器	1次/2小时	简易分析	
		比表面积	P.O 42.5≥360 m²·kg⁻¹	90%		1次/2小时		
			P.C 32.5≥380 m²·kg⁻¹	90%		1次/2小时		
		烧失量	P.O 42.5≤2.5%	90%		1次/2小时		
		SO₃	K=±0.2%	90%		1次/2小时	荧光分析	
		其他指标	符合企业内部指标	100%		1次/日	全套物检	
17	出厂水泥	袋量	每袋≥49.5 kg 20袋总重≥1 000 kg 平均净重≤50.20 kg	100%	包装机、栈台	分包机1次/班	现场抽	
		盖印清晰率	≥90%	月平均				
		纸袋破损率	≤1%	月平均				
		品质指标	符合企业内部指标	100%	栈台、散装放料口	每编号	全套物检	
		标准偏差	≤1.50 MPa③	月平均				

注：① 21 750 kJ/kg。
　　② 前后相连两个时间点所取样品测定结果之差。
　　③ 水泥标准偏差可表示出厂水泥的均匀性，某一时期单一编号水泥10个分割样28 d强度的均匀程度。

第 4 章　硅酸盐水泥工业检测中的化学分析

4.1　试样的采集和制备

水泥生产中要分析化验的试样都是固体试样,被分析处理的量通常是克(g)或毫克(mg)级,只是生产中使用的物料的很小的一部分。分析试样的组成是否能代表整体物料的平均组成是能否获得准确、可靠分析结果的关键,因此,试样的采集和制备是分析检测过程中至关重要的第一步。

4.1.1　试样的采集

1. 采样数量

为了使所采集的试样能够代表分析对象的平均组成,应根据所取试样的性质、均匀程度和颗粒的大小,从物料不同部位和深度选取多个取样点。采集量可根据经验下述采样经验公式计算:

$$Q = Kd^2$$

式中,Q 为采取平均试样的最小量(kg);d 为物料中最大颗粒的直径(mm);K 为经验常数,可由实验求得,一般为 0.1 ~ 1.0。样品越不均匀,其 K 就越大。

2. 采样方法

采样方法的选择,应从采样对象的具体情况出发,使所取样品具有实际生产的代表性和取样的可能性。

(1)矿山取样。

水泥厂直接从矿山取用的原料主要是是石灰石和黏土。

石灰石矿山采样可以用刻槽、钻孔和沿矿山开采面取样。当矿山各矿层化学成分变化不大时,常采用沿矿山开采面分格取样法,一般沿矿山开采面每平方米取一个样,用铁锤砸取一小块,然后将各点取的试样合并。当矿山内部各矿层的变化较大时,应分层按上述方法取样。

黏土取样一般也采用沿矿山开采面取样法。每平方米面积取约 50 g 样品,然后将试样合并。

(2)车皮上取样。

沿着车皮对角线长按一定的距离划分取样点(一般 1.5 ~ 2.0 m 为一点),在 0.3 ~ 0.5 m 的深处用铁铲采样 100 g 左右,若有块状物需用铁锤砸取一小块,每个点的取样量可根据不同物料酌情增加,然后合并混合处理制备样品。

（3）原料堆场取样。

已进场的成批原料（如石灰石、白云石、长石、黏土、煤、沙子等），进厂后应分批按质量堆放。取样时，先在原料堆上的周围，从地面起每隔 0.5 m 左右用铁铲划一横线，然后每隔 1 ~ 2 m 划一竖线。以横线和竖线的交点为取样点（见图 4-1-1）。将表面刮去，深入 0.3 ~ 0.5 m 挖取 100 ~ 200 g 矿样。每 100 t 原料堆取 5 ~ 10 kg 矿样作为实验室样品。

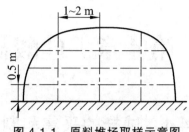

图 4-1-1　原料堆场取样示意图

（4）生产过程的半成品和成品取样。

水泥生产过程的生料和熟料都是粉状物料，由输送设备（如皮带输送机）输送而成为流动物料。一般取一定时间间隔的平均样，时间间隔由不同取样点的具体情况决定。在输送皮带取样时，每次取样在皮带截面上不得少于 3 个点。可采用人工取样或自动连续取样。

出厂水泥取样应该按照国家标准的规定执行。袋装水泥每编号内抽取 20 袋水泥，将取样器沿对角线方向插入一定深度，用拇指按住气孔，小心抽出，将所取样品放入洁净、干燥、不易污染的容器中。每次取等量样品，总量不得少于 6 kg。对于散装水泥，当所取水泥深度不超过 2 m 时，采用散装水泥取样器，通过转动取样器内管控制开关，在适当位置插入水泥一定深度，关闭后小心抽出，将所取样品放入洁净、干燥、不易受污染的容器中。每次抽取的单样量应尽量一致，取样总量至少 12 kg。散装水泥在散装罐口取样时，可使用自动取样器取样，每编号样在 20 个以上点取等量样品，总量不得少于 12 kg。

4.1.2　试样的制备

水泥生产中采集的样品一般不能直接用于分析测试，需要进行一系列的处理，包括破碎、过筛、混匀、缩分等工序，使之符合分析的要求。

1. 破　碎

破碎可分为粗碎、中碎、细碎和粉碎 4 个阶段。根据实验室样品的颗粒大小、破碎的难易程度，可采用人工或机械的方法逐步破碎，直至达到规定的粒度。破碎工具：锷式破碎机、辊式破碎机、圆盘破碎机、球磨机、钢臼、铁锤、研钵等。

2. 过　筛

物料在破碎过程中，每次磨碎后均需过筛，未能通过筛孔的粗粒应继续磨碎，直至样品全部通过指定的筛子为止。易分解的试样过 170 目筛（0.088 mm），难分解的试样过 200 目筛（0.074 mm）。

3. 混　匀

试样量较大时，通常使用移锥法，即用铁铲将试样反复堆成锥形。堆锥时，试样必须从堆中心给下，以便使其从锥顶大致等量地流向四方。从第一堆移向第二堆时，最好沿锥四周逐渐移动铲样的位置。如此反复 3 ~ 5 次，可将试样混匀。当处理少量物料时，常用翻滚法混匀，其方法是把试样放在一块光滑的塑料布上，提起塑料布两对角，使样品在水平面上沿塑料布对角线来回翻滚，再提起另外两对角把试样翻滚均匀。

4. 缩　分

采样的最终目的是要得到具有代表性的分析样品。由于分析试样实际需用量很少，因此就要对采集来的粗样进行缩分。缩分样品缩分是在充分混匀后进行的，常用以下方法进行缩分：

（1）锥形四分法。

将试样堆成圆锥，压平成圆饼状，用铁板将其沿十字线分隔成四份，取其对角线两份合并成一份试样。将另外两份弃去。可以如此反复进行，把试样缩分到所需要的少量试样。

（2）方格法。

把试样混匀后摊为一薄层，划分为许多小方格，用小铲子将每一定间隔内的小正方形中的样品全部取出，放在一起混合均匀。其余部分弃去或留作副样保管。

（3）分样器缩分法。

常用的分样器为槽形分样器，分样器中间长方形槽，槽底并排左右交替用隔板分开的小槽（一般不少于 10 个且须为偶数），在下面的两侧有承接样槽。将样品倒入后，即从两侧流入两边的样槽内，把样品均匀地分成两份，其中的一份弃去，另一份再进一步磨碎、过筛和缩分。

5. 样品的保管

每一取样单位的试样通常应充分拌匀后分成两等份，一份供本厂做物理化学检验，另一份按规定保存。样品保管主要是为试验有误差时再进行试验，或抽查和发生质量纠纷时进行仲裁。保存的样品标签要详细清楚，注明样品名称、保存日期、编号、留样人等。水泥、熟料等易受潮的样品应用封口铁桶或带盖磨口瓶密封保存，防止受潮导致复验或抽查出现偏差。保存不同品种样品的铁桶或带盖磨口瓶应有明显标识加以区别，以防混淆。出厂水泥、熟料需保存 3 个月以上，其他样品可根据情况自行决定，一般至少保存 24 小时。

4.1.3　试样的分解

分解试样的目的：将固体试样处理成溶液，或将组成复杂的试样处理成简单、便于分离和测定的形式，为各组分的分析操作创造最佳条件。在分解试样过程中必须注意，试样的分解一定要完全，待测组分要完全转入溶液中而且不应该有挥发损失，也不能引入待测组分和产生干扰的物质。

常用的分解方法有酸溶解法、熔融法和半熔法。分解方法的选择应根据试样的组成、分析方法及可能产生的干扰情况确定。

1. 酸溶分解法

溶解比较简单快速。分解试样尽可能采用溶解的方法，试样不能溶解或溶解不完全时才采用熔融法。溶解试样时常用的溶剂有：盐酸、磷酸、硝酸、硫酸、氢氟酸、高氯酸及混合溶剂（如王水）。

2. 熔融法

用酸或其他溶剂不能分解完全的试样，可用熔融的方法分解。此法就是将熔剂和试样相混后，于高温下，使试样转变为易溶于水或酸的化合物。常用的溶剂如下：

（1）碱性熔剂。如碱金属碳酸盐及其混合物、硼酸盐，氢氧化物等。

（2）酸性熔剂。包括酸式硫酸盐、焦硫酸盐、氟氢化物、硼酐等。

（3）氧化性熔剂。如过氧化钠、碱金属碳酸盐与氧化剂混合物等。

（4）还原性熔剂。如氧化铅和含碳物质的混合物、碱金属和硫的混合物、碱金属硫化物与硫的混合物等。

选择熔剂时要考虑试样的性质：一般说来，酸性试样采用碱性熔剂，碱性试样用酸性熔剂、氧化性试样采用还原性熔剂，还原性试样用氧化性熔剂，但也有例外。

在硅酸盐分析中常用的熔剂有碳酸钠、硼砂、碳酸钾、氢氧化钾、氢氧化钠等。

3. 半熔法（烧结法）

半熔法也称为烧结法。将试样同熔剂在尚未熔融的高温条件下进行烧结，这时试样已能同熔剂发生反应，经过一定时间后，试样可以分解完全。在半溶法中，坩埚材料的损耗相当小，这是它的主要优点。半熔法分解的程度取决于试样的细度和熔剂于试样混匀的程度，一般要求较长的反应时间和过量的熔剂。

熔融或半熔法在高温下进行，多使用坩埚，要根据熔剂的不同选择适宜材料的坩埚。常用的坩埚有瓷坩埚、铂坩埚、银坩埚、铁坩埚、镍坩埚等。

4.2　水泥和熟料的主要化学分析

水泥化学分析的标准方法分为基准法（又称为标准法）和代用法。《水泥化学分析方法》（GB/T 176—2008）规定了水泥主要成分分析的基准法或代用法。基准法和代用法在一定条件下具有等同的效果，但在有争议时，应以基准法为准。在现代大型自动化水泥厂中，目前已经广泛采用 X 射线荧光分析仪进行快速分析，提供及时可靠数据，X 射线荧光分析仪已成为水泥生产控制的不可缺少的大型仪器。为此，GB/T 176—2008 专门增加了 X 射线荧光分析方法用仪器设备和制备试样的称量等内容，规定了 X 射线荧光分析法测定结果的重复性限和再现性限。

本节主要介绍在水泥生产中各个环节使用的化学分析方法，除特别注明的以外，均引用自 GB/T 176—2008。为了确保出厂水泥的质量，对出厂水泥还要进行出磨水泥细度、凝结时间、安定性、强度等一系列物理性能检测，有关内容将在下一章叙述。

4.2.1　烧失量的测定——灼烧差减法

烧失量是试样在一定高温灼烧至恒重后质量减少的百分比。进行配料计算和物料平衡计算都要对试样的烧失量进行准确测定。熟料烧失量指标是衡量熟料煅烧质量的重要依据。烧失量高，说明窑内物料化学反应不完全。烧失量直接影响水泥标准稠度、强度、凝结时间等性能指标。

1. 基本原理

当在高温下灼烧时，试样中许多组分将发生一系列的氧化、化合、分解或其他反应。例如，试样中的氧化亚铁氧化生成三氧化二铁是氧化反应，表现在烧失量上是一种增重现象；而试样中碳酸盐分解、水分的蒸发和结晶水失去表现在烧失量则是一种减重现象。烧失量实际是样品中各种化学反应质量的增加和减少的代数和。

2. 操作步骤

称取约 1 g 试样（$m_{样}$），精确至 0.000 1 g，置于已灼烧至恒量的瓷坩埚中，将盖斜置于坩埚上，放在高温炉内从低温开始逐渐升温，在 950 ℃ ± 25 ℃ 下灼烧 15 ~ 20 min，取出坩埚置于干燥器中冷却至室温后称量。反复灼烧，直至恒量，质量记录为 m_1。

3. 结果计算

烧失量的质量百分数 w_{LOI} 按下式计算：

$$w_{LOI} = \frac{m_{样} - m_1}{m_{样}} \times 100\%$$

式中　　$m_样$ —— 试样的质量，g；

　　　　m_1 —— 灼烧后试料的质量，g。

4.2.2　不溶物的测定——盐酸-氢氧化钠处理法

水泥中的不溶物是指在规定的条件下加热分解试样，既不溶于特定浓度的盐酸，也不溶于特定浓度的氢氧化钠溶液的组分。不溶物的主要成分是游离石英，其次是金属氧化物 R_2O_3（Al_2O_3、Fe_2O_3 等）。其主要来源是水泥熟料、石膏及所掺加的混合材的不溶渣。回转窑正常生产的水泥熟料中，不溶物通常都很低。磨制水泥时掺入的劣质石膏及混合材常常是不溶物的主要来源。因此，可以把不溶物当做衡量水泥质量优劣的尺度之一。

1. 基本原理

先用盐酸处理试样，尽量避免溶解的二氧化硅呈胶体析出而造成过滤困难。滤出的残渣洗净后用氢氧化钠溶液处理，使碱溶物尽量溶解，然后用酸中和，过滤，残渣经灼烧后称量。

2. 操作步骤

称取约 1 g 试样（$m_样$），精确到 0.000 1 g，置于 150 mL 烧杯中，加 25 mL 水，搅拌使其分散。在搅拌下加入 5 mL 盐酸（1 + 9），用平头玻璃棒压碎块状物使其分解完全（如有必要可将溶液稍稍加温几分钟），用近沸的热水稀释至 50 mL，盖上表面皿，将烧杯置于蒸汽浴中加热 15 min。用中速定量滤纸过滤，用热水充分洗涤 10 次以上。

将残渣及滤纸一并移入原烧杯中，加入 100 mL 近沸的氢氧化钠溶液（10 g·L^{-1}），盖上表面皿，将烧杯置于蒸汽浴中加热 15 min，加热期间搅动滤纸及残渣 2~3 次，取下烧杯，加入 1~2 滴甲基红指示剂溶液（2 g·L^{-1}），滴加盐酸（1+1）至溶液呈红色，再过量 8~10 滴。用中速定量滤纸过滤，用热的硝酸铵溶液（20 g·L^{-1}）充分洗涤至少 14 次。

将残渣和滤纸一并移入已灼烧至恒量的瓷坩埚中，灰化后在 950 ℃ ± 25 ℃ 高温内灼烧 30 min，取出坩埚置于干燥器中冷却至室温，称量。反复灼烧，直至恒量，记录质量（m_1）。

3. 结果计算

不溶物的质量百分数 w_{IR} 按下式计算：

$$w_{IR} = \frac{m_1}{m_{样}} \times 100\%$$

式中 m_1 —— 不溶物残渣质量，g；

$m_{样}$ —— 试样的质量，g。

4.2.3 二氧化硅的测定

1. 氯化铵重量法（基准法）

二氧化硅是水泥熟料的主要成分之一，其含量决定了熟料中的矿物组成，直接影响水泥质量。对生料、熟料、水泥产品和多数水泥原材料的分析都要测定二氧化硅的含量。硅酸盐矿物试样中二氧化硅含量的测定，通常采用重量法（盐酸蒸干法、氯化铵凝聚法等）和氟硅酸钾容量法；对硅含量低的试样，可采用硅钼蓝比色法。

（1）基本原理。

试样以无水碳酸钠烧结后用盐酸溶解，加固体氯化铵于沸水浴上加热蒸发，实验中加入氯化铵可以加快硅酸胶体的聚合，促进沉淀产生。滤出的沉淀与氢氟酸发生反应，反应式为

$$SiO_2 + 4HF \xrightarrow{\hspace{1cm}} SiF_4 + H_2O$$

SiO_2 以 SiF_4 形式逸出，减少的质量即为胶凝 SiO_2 的质量。实验证明，采用盐酸-氯化铵法一次脱水测定二氧化硅，有少量硅酸留在滤液中，其量为 0.07%~0.14%。为了得到更准确的结果，应该对滤液做硅钼蓝比色测定回收，两次测定加起来就是试样二氧化硅总含量。

（2）操作步骤。

① 胶凝二氧化硅的测定。

精确称取干燥试样约 0.5 g（$m_{样}$）于铂金坩埚中，将盖倾斜于坩埚上，在 950~1 000 ℃ 火焰灼烧 5 min。用玻璃棒仔细压碎结块，加入（0.30 ± 0.01）g 已磨细的无水碳酸钠，混匀。再将坩埚置于 950~1 000 ℃ 火焰灼烧 10 min，取出坩埚，冷却后将烧结块移入瓷蒸发皿内。加少许水润湿，用平头玻璃棒压碎块状物，盖上表面皿，从皿口滴入 5 mL 盐酸和 2~3 滴硝

酸。反应停止后取下表面皿，再用平头玻璃棒压碎块状物使试样分解完全。用热盐酸（1+1）清洗坩埚数次，洗液合并于蒸发皿中。将蒸发皿移到蒸汽水浴上，皿上放一玻璃三脚架，盖上表面皿。蒸发至糊状后加入 1 g 氯化铵。充分搅匀，在水浴上蒸发至干后继续蒸发 10~15 min。蒸发期间用平头玻棒搅拌并压碎大颗粒。取下蒸发皿，加入 10~20 mL 盐酸（3+97）。搅拌使可溶物溶解。用中速定量滤纸过滤，并用胶头扫棒擦洗玻棒及蒸发皿，以热盐酸（3+97）洗涤沉淀 3~4 次。再用热水充分洗涤沉淀至检验无氯离子。滤液和洗液保存于 250 mL 容量瓶。将沉淀和滤纸一并移入铂坩埚内。将盖倾斜于坩埚上，在电炉上烘干和灰化完全后移入 950~1 000 ℃ 高温炉内灼烧 1 h。取出坩埚在干燥器中冷却至室温，称量。反复灼烧称至恒重（m_1）。

向坩埚加入数滴水润湿已恒重的沉淀，加入 3 滴硫酸（1+4）和 10 mL 氢氟酸（40%）。放在通风橱电热板上缓慢蒸发至完全，升高温度继续加热至白烟逸尽。将坩埚移入 950~1 000 ℃ 高温炉中灼烧 30 min，取出坩埚在干燥器中冷至室温，称量。反复灼烧称至恒重（m_2）。

在以上经氢氟酸处理后得到的残渣中加入 0.5 g 焦硫酸钾，在喷灯上熔融，熔块用热水和数滴盐酸（1+1）溶解，溶液并入前面分离二氧化硅后得到的滤液和洗液中。用水稀释至标线，摇匀。此溶液可供测定滤液中溶解的二氧化硅、三氧化二铁、三氧化二铝、氧化钙、氧化镁、二氧化钛和五氧化二磷用（以下称为试液 A）。

② 滤液中溶解的二氧化硅的测定（硅钼蓝比色法）。

a. 标准溶液的配制和工作曲线的绘制。

称取 0.2000 g 经 1 000~1 100 ℃ 新灼烧过 60 min 的二氧化硅（光谱纯）于铂坩埚中，加入 2 g 无水碳酸钠，搅拌均匀，在 950~1 000 ℃ 灼烧 15 min。冷却，用热水将熔块浸出于盛有约 100 mL 热水的 300 mL 塑料烧杯。待全部溶解后冷却至室温，移入 1 000 mL 容量瓶。用水定容，摇匀后转移到塑料瓶保存，该标准溶液含二氧化硅 0.2 mg·mL^{-1}。

吸取以上标准溶液 0、2.00、4.00、5.00、6.00、8.00、10.00 mL 分别放入 7 个 100 mL 容量瓶。加水稀释到约 40 mL，依次加入 5 mL（1+10），8 mL 乙醇，6 mL 钼酸铵溶液（20 g·L^{-1}）。摇匀，放置 30 min 后，依次加入 20 mL 盐酸（1+1）、5 mL 抗坏血酸溶液（5 g·L^{-1}），用水稀释至刻度线，摇匀。放置 1 h 后，使用分光光度计以蒸馏水为参比在 660 nm 测定吸光度。以吸光度为对应的二氧化硅含量的函数做曲线，即为工作曲线。

b. 试液测定。

准确吸取 4.2.3.1 中的分离二氧化硅后的试液 A 25.00 mL 于 100 mL 容量瓶中，用水稀释至约 40 mL 后，按标准曲线绘制实验中步骤加入试剂，测定吸光度。在标准曲线上查出二氧化硅含量（mg·mL^{-1}），据此可计算全部滤液中溶解的二氧化硅的质量（m_3）。

（3）结果计算。

① 胶凝二氧化硅含量 $w_{胶凝}$ 按下式计算：

$$w_{胶凝} = \frac{m_1 - m_2}{m_样} \times 100\%$$

式中　m_1 —— 含胶凝二氧化硅的残渣质量，g；

　　　m_2 —— 分离二氧化硅后残渣质量，g；

$m_样$ —— 试样的质量，g。

② 滤液中溶解二氧化硅的含量 $w_溶解$ 按下式计算：

$$w_溶解 = \frac{m_3}{m_样} \times 100\%$$

式中　m_3 —— 滤液中溶解二氧化硅的质量，g。

③ 二氧化硅总量计算：

SiO_2（总）= SiO_2（胶凝）+ SiO_2（溶解）

2. 二氧化硅的测定——氟硅酸钾容量法（代用法）

用重量法测定二氧化硅的准确度较高，但分析步骤复杂，耗时多。二氧化硅氟硅酸钾容量法简便快速，控制好分析条件也可以获得满足要求的结果。此方法已列入我国的国家标准中，作为代用法，近年来在水泥及其原材料的分析中得到广泛的应用。

（1）基本原理。

硅酸根离子在有过量的氟离子和钾离子存在下的强酸性溶液中，能与氟离子作用，生成氟硅酸根离子（SiF_6^{2-}），并进而与钾离子作用，生成氟硅酸钾沉淀：

$$SiO_3^{2-} + 6H^+ + 6F^- \rightleftharpoons SiF_6^{2-} + 3H_2O$$

$$SiF_6^{2-} + 2K^+ \rightleftharpoons K_2SiF_6$$

将氟硅酸钾沉淀洗净（无残余酸）后，使之在沸水中水解，生成相应的氢氟酸：

$$K_2SiF_6 + 3H_2O \rightleftharpoons 2KF + H_2SiF_3 + 4HF$$

用氢氧化钠标准滴定溶液进行滴定，采用酚酞作指示剂，滴定至溶液为粉色。

（2）操作步骤。

准确称取约 0.5 g 已于 105 ~ 110 ℃ 烘干过的试样（$m_样$），精确至 0.000 1 g，置于银坩埚中，加入 7 ~ 8 g 氢氧化钠，盖上坩埚盖（留有一定缝隙）。从低温开始升起，在 650 ~ 700 ℃ 下保持 20 min。期间取出摇动一次。取出坩埚冷却至室温，放入已盛有约 100 mL 沸水的 300 mL 烧杯中，盖上表面皿，在电炉上适当加热，待熔块完全浸出后取出坩埚，用热水洗涤坩埚和盖，在搅拌下一次加入 25 ~ 30 mL 盐酸（1 + 1），再加入 1 mL 硝酸，用热盐酸（1 + 5）洗涤坩埚和盖，洗液移至烧杯中，加热至沸，冷却后将溶液转移至 250 mL 容量瓶中，以蒸馏水稀释至标线，摇匀。该试样溶液可用于二氧化硅、三氧化二铁、三氧化二铝、二氧化钛、氧化钙和氧化镁的测定（以下称为试液 B）。

吸取 50.00 mL 上述试样溶液，放入 300 mL 塑料杯中，加入 10 ~ 15 mL 硝酸，搅拌，冷却至 30 ℃。加入氯化钾，仔细搅拌，压碎大颗粒氯化钾至饱和并有少量氯化钾析出。然后再加入 2 g 固体氯化钾和 10 mL 的氟化钾溶液（150 g·L⁻¹），搅拌并压碎不溶颗粒，使其完全饱和并有少量氯化钾析出（此时溶液应该比较浑浊，若析出量不够再补加氯化钾，但不宜过多），在 30 ℃ 以下放置 15 ~ 20 min，期间搅拌 1 ~ 2 次。用中速滤纸过滤，先过滤溶液，固体氯化钾和沉淀留在杯底，溶液过滤完后，用氯化钾溶液（50 g·L⁻¹）洗涤塑料杯与沉淀

3 次，洗涤过程使固体氯化钾溶解，洗涤液总量不超过 25 mL。将滤纸连同沉淀置于原塑料杯中，沿杯壁加入 10 mL 氯化钾（50 g·L^{-1}）-乙醇溶液及 1 mL 酚酞指示剂溶液（10 g·L^{-1}），将滤纸展开，用 0.15 mol·L^{-1}氢氧化钠溶液中和未洗尽的酸，仔细搅拌、挤压滤纸并随之擦洗杯壁，直至溶液变红（不记读数；过滤洗涤中和操作应迅速，以免氟硅酸钾沉淀水解）。然后向杯内加入 200 mL 沸水（此沸水应预先用氢氧化钠溶液中和至酚酞呈微红色），以 0.15 mol·L^{-1}氢氧化钠标准溶液滴定至微红色（记下读数 V）。

（3）结果计算。

二氧化硅的质量分数 w_{SiO_2} 按下式计算：

$$w_{SiO_2} = \frac{T_{SiO_2} \times V \times 5}{m_{样} \times 1\,000} \times 100\%$$

式中　T_{SiO_2}——每毫升氢氧化钠标准滴定溶液相当于二氧化硅的毫克数，mg·mL^{-1}；

V——滴定时消耗氢氧化钠标准滴定溶液的体积，mL；

5——全部试样溶液与所分取试样溶液的体积比；

$m_{样}$——试样的重量，g。

4.2.4　三氧化二铁的测定

Fe_2O_3 在煅烧过程中与 CaO、Al_2O_3 发生固相反应，生成铁铝酸四钙（C_4AF），对水泥的性能有很大影响，是水泥分析中的一个重要项目。三氧化二铁的测定方法很多，应用较普遍的是 EDTA 滴定法和氧化还原滴定法。前者是基准法，后者常用于生产控制。当铁含量很低时，如石灰石、铝矾土、白水泥等中铁的测定，通常使用邻菲罗啉比色法。

1. EDTA 直接滴定法（基准法）

（1）基本原理。

EDTA 与 Fe^{3+} 的配位能力很强，二者能在较强的酸度下（pH>1）生成稳定的配合物。考虑到 pH>2.5 时，Fe^{3+} 易发生水解，且溶液中共存的 Al^{3+} 产生干扰，故通常在 pH = 1～2 的酸度下进行选择滴定。对于 Fe_2O_3 含量小于 10% 的试样，如水泥、生料、熟料、黏土、石灰石等，可采用 EDTA 直接滴定法测定 Fe^{3+}。一般以磺基水杨酸或其钠盐（英文缩写为 S. S.）作指示剂。在溶液 pH = 1.8～2.5 时，磺基水杨酸钠与 Fe^{3+} 生成紫红色配合物，能被 EDTA 所取代。如以 HIn^- 代表磺基水杨酸根离子，以 H_2Y^{2-} 代表 EDTA 离子，滴定前的显色反应为：

$$Fe^{3+} + Hin^- \rightleftharpoons FeIn^- + H^+$$

滴定终点时过量的 EDTA 夺取 $FeIn^+$ 中的 Fe^{3+}，其反应式如下：

$$H_2Y^{2-} + FeIn^+（紫红色）\rightleftharpoons FeY^-（黄色）+ HIn（无色）+ H^+$$

终点时溶液颜色由紫红色变为亮黄色。试样中铁含量越高，则黄色越深；铁含量低时，为浅黄色，甚至近于无色。溶液中含有大量 Cl^- 时，FeY^- 与 Cl^- 生成黄色更深的配合物，所以，在盐酸介质中滴定比在硝酸介质中滴定，可以得到更明显的终点。

（2）操作步骤。

吸取 4.2.3.1 中的试液 A 或 4.2.3.2 中的试液 B 25.00 mL 入 300 mL 烧杯中，加水稀释至约 100 mL，用氨水（1+1）和盐酸（1+1）调节溶液 pH 至 1.8～2.0（用精密试纸或酸度计检验）。将溶液加热至 70 ℃，加 10 滴磺基水杨酸钠指示剂（100 g·L^{-1}），用 EDTA 标准溶液（0.015 mol·L^{-1}）溶液缓慢地滴定至亮黄色（终点时溶液温度应不低于 60 ℃）。此溶液可保留供测定三氧化二铝用。

（3）结果计算。

三氧化二铁的质量分数 $w_{Fe_2O_3}$ 按下式计算：

$$w_{Fe_2O_3} = \frac{T_{Fe_2O_3} \times V \times 10}{m_{样} \times 1000} \times 100\%$$

式中　$T_{Fe_2O_3}$——每毫升 EDTA 标准溶液相当于 Fe$_2$O$_3$ 毫克数，mg·mL^{-1}；

　　　V——滴定时消耗 EDTA 标准溶液的体积，mL；

　　　10——全部试样溶液与所分取试样溶液的体积比；

　　　$m_{样}$——试样的质量，g。

2. 邻菲罗啉分光光度法（代用法）

（1）基本原理。

在 pH = 1.5～9.5 的条件下，Fe^{2+} 与邻菲罗啉生成很稳定的橙红色的络合物，络合物的 lg$K_{稳}$ = 21.3，在 510 nm 有最大光吸收，ε = 11 000。显色前，首先用抗坏血酸把试样中的 Fe^{3+} 还原为 Fe^{2+}。测定时，控制溶液酸度在 pH = 2～9 较适宜，酸度过高，反应速度慢；酸度太低，则 Fe^{2+} 水解，影响显色。Bi^{3+}、Ca^{2+}、Hg^{2+}、Ag$^+$、Zn^{2+} 离子与显色剂生成沉淀，Cu^{2+}、Co^{2+}、Ni^{2+} 离子则形成有色络合物，因此当这些离子共存时应注意它们的干扰作用。目前，邻菲罗啉光度法测定铁含量，广泛采用盐酸羟胺为还原剂来还原 Fe^{3+}，效果也很好。

（2）操作步骤。

① 标准溶液的配制和工作曲线的绘制。

称取 0.100 0 g 已于 950 ℃±25 ℃ 灼烧过 60 min 的三氧化二铁（光谱纯）于 300 mL 烧杯，依次加入 50 mL 水、30 mL 盐酸（1+1）、2.00 mL 硝酸，低温加热到微沸，待溶解完全，冷却后移入 1 000 mL 容量瓶，用水稀释至标线，摇匀。此标准溶液含三氧化二铁 0.1 mg·mL^{-1}。

分别移取上述三氧化二铁标准溶液 0、1.00、2.00、3.00、4.00、5.00、6.00 mL 于 7 只 100 mL 容量瓶中，加水稀释至约 50 mL。加入 5 mL 抗坏血酸溶液（5 g·L^{-1}），放置 5 min 后，加入 5 mL 邻菲罗啉溶液（10 g·L^{-1}乙酸溶液），10 mL 乙酸铵溶液（100 g·L^{-1}），用蒸馏水稀释至刻度，摇匀，放置 30 min，用分光光度计，1 cm 比色皿，以试剂空白为参比，在 510 nm 测定各溶液的吸光度。用测得的吸光度为对应的三氧化二铁含量的函数，绘制工作曲线。

② 试液测定。

从 4.2.3.1 中的试液 A 或 4.2.3.2 中的试液 B 中吸取 10.00 mL 放入 100 mL 容量瓶，用水稀释至标线，摇匀后吸取 25.00 mL 于 100 mL 容量瓶，加水稀释至约 40 mL。按工作曲线绘制实验中步骤操作，加入试剂，测定吸光度。在标准曲线上查出测定试液三氧化二铁含量

（mg·mL^{-1}）。根据试液体积可计算试液中三氧化二铁的质量（m_1）。

（3）结果计算。

试样三氧化二铁的含量 $w_{Fe_2O_3}$ 按下式计算：

$$w_{Fe_2O_3} = \frac{m_1}{m_{样}} \times 100\%$$

式中　m_1——试液中三氧化二铁的质量，g；

$m_{样}$——试样质量，g。

3. 三氯化钛还原——重铬酸钾氧化还原滴定法（基准法）

（1）基本原理。

试样用氢氟酸处理，经盐酸溶解残渣后，先用二氯化锡将大部分高铁离子还原为二价铁离子；再以钨酸钠为指示剂，用三氯化钛将剩余高价铁还原成低价，稍过量的 $TiCl_3$ 将六价钨部分还原为五价钨，生成"钨蓝"，使溶液呈现蓝色。过量的三氯化钛会影响铁的测定。可用重铬酸钾将其氧化，稍过量的重铬酸钾将钨蓝氧化，蓝色消去指示氧化完全。然后加入硫磷混酸，以二苯胺磺酸钠为指示剂，用重铬酸钾标准溶液滴定至终点，即可测定铁元素的含量。

（2）操作步骤。

称取约 0.5 g（$m_{样}$），试样精确到 0.000 1 g，置于铂皿中，加水润湿试料，加 10 滴硫酸（1+1）、10 mL 氢氟酸，低温加热到三氧化硫白烟冒尽，加入 20 mL 盐酸（1+1），继续加热使可溶性残渣溶解。将溶液移入 400 mL 烧杯，洗净铂皿。加热至近沸，搅拌下慢慢滴加二氯化锡溶液（60 g·L^{-1}）至溶液呈浅黄色，迅速将烧杯放在水槽中冷却。调整溶液体积至 150~200 mL，加 5 滴钨酸钠溶液（250 g·L^{-1}），用三氯化钛溶液[100 mL 三氯化钛溶液（15%~20%）+1 900 mL 盐酸（1+1）]滴到呈蓝色，滴加高锰酸钾标准溶液（0.050 00 mol·L^{-1}）到无色（不计读数），立即加 10 mL 硫磷混酸（200 mL 硫酸搅拌下注入 500 mL 水中，加 300 mL 磷酸）、5 滴二苯胺磺酸钠指示剂（2 g·L^{-1}），用重铬酸钾标准溶液滴定至稳定紫色，记录消耗体积 V。

（3）结果计算。

试样三氧化二铁的质量分数 $w_{Fe_2O_3}$ 按下式计算：

$$w_{Fe_2O_3} = \frac{79.84 \times c(1/6K_2Cr_2O_7) \times V}{m_{样} \times 1\,000} \times 100\%$$

式中　79.84——1/2Fe$_2$O$_3$ 的摩尔质量，g·moL^{-1}；

V——滴定时消耗重铬酸钾标准溶液的体积，mL；

c（1/6K$_2$Cr$_2$O$_7$）——重铬酸钾标准溶液浓度，mol·L^{-1}

10——全部试样溶液与所分取试样溶液的体积比；

$m_{样}$——试样的质量，g。

本方法引用标准：JC/T 850—2009。

4.2.5　三氧化二铝的测定

Al_2O_3 是熟料中的重要化学成分，以 C_3A、C_4AF 等矿物形式存在。当 Al_2O_3 含量增加时，C_3A 增多，水泥凝结硬化变快对水泥的性能有很大影响。铝的测定常用配位法，在水泥试样分析中，多数情况都是在同一份溶液中连续滴定。

1. EDTA 直接滴定法（基准法）

（1）基本原理。

铝的配位滴定受铁、锰、钛等离子影响很大，由于铁、铝的 EDTA 配合物的稳定常数相差较大，可借控制酸度的方法对二者进行分步滴定。在滴定完铁的溶液中，再滴定铝。Al^{3+} 与 EDTA 成的配合物具有中等程度的稳定性，受 Ti^{3+} 和 Mn^{2+} 等离子的干扰较大。滴定时将溶液的 pH 值降低到 3 左右，并加热煮沸溶液，使 Ti^{3+} 离子水解而消除其干扰；同时扩大了 Mn^{2+}、Al^{3+} 与 EDTA 配合物稳定性的差异，在加热的条件下直接滴定 Al^{3+} 而避免锰离子的干扰。溶液 pH 值的降低也使 Al^{3+} 和 EDTA 的配位能力下降，但在加热煮沸的条件下反复滴定，可获得准确的滴定结果。滴定以 PAN 和等物质的量的 Cu-EDTA 为指示剂，使终点变色更敏锐。滴定到达终点时，过量的 EDTA 夺取 Cu-PAN 中的 Cu^{2+} 使 PAN 释放出来，溶液由红色转变为黄色。

（2）操作步骤。

将 4.2.4.1 中测完铁以后的溶液用水稀释到 200 mL，加入 1～2 滴溴酚蓝溶液（2 g·L^{-1}），滴加氨水（1 + 1）至溶液变为蓝紫色，再滴加盐酸（1 + 1）至变成黄色，加入 15 mLpH 为 3 的缓冲溶液（3.2 g 无水乙酸钠 + 120 mL 冰醋酸加水稀释为 1 L），加热到微沸并保持 1 min，加入 10 滴 Cu-EDTA 溶液（Cu 和 EDTA 准确等摩尔）及 2～3 滴 PAN 溶液（2 g·L^{-1}），用 EDTA 标准溶液（0.015 mol·L^{-1}）滴定至红色消去。继续煮沸，再滴定，直至煮沸溶液红色不再出现，呈稳定亮黄色为止，耗去体积记为 V（mL）。

（3）结果计算。

三氧化二铝质量分数 $w_{Al_2O_3}$ 按下式计算：

$$w_{Al_2O_3} = \frac{T_{Al_2O_3} \times V \times 10}{m_{样} \times 1\,000} \times 100\%$$

式中　$T_{Al_2O_3}$ —— 每毫升 EDTA 标准溶液相当于三氧化二铝的毫克数，mg·mL^{-1}；

　　　　V —— 滴定消耗的 EDTA 标准溶液的体积，mL；

　　　　10 —— 全部试样溶液与分取试样溶液的体积比；

　　　　$m_{样}$ —— 试样的质量，g。

2. 硫酸铜返滴定法（代用法）

（1）基本原理。

在滴定完铁的溶液中，加入对 Al + Ti 含量过量的 EDTA 标准溶液，配位完全后以 PAN 为指示剂，以 $CuSO_4$ 标准滴定溶液滴定至终点。根据加入的 EDTA 的量和返滴的量，可以求出铝含量。

（2）操作步骤。

在 4.2.4.1 中测完铁以后的溶液中加入至过量（对铝和钛合量而言）10 ~ 15 mL（记为 V_1）EDTA 标准溶液（0.015 mol·L^{-1}），然后用水稀释至 150 ~ 200 mL，将溶液加热至 70 ~ 80 ℃ 后，在搅拌中用氨水将 pH 调节至 3.0 ~ 3.5（用精密 pH 试纸检验）。加 15 mL pH = 4.3 的乙酸-乙酸钠缓冲溶液（42.3 g 无水乙酸钠 + 80 mL 冰醋酸加水稀释为 1 L），加热，保持微沸 1 ~ 2 min，取下稍冷，加 4 ~ 5 滴 PAN 指示剂溶液（2 g·L^{-1}），用硫酸铜标准溶液（0.015 mol·L^{-1}）滴定至亮紫色，记录消耗体积（V_2）。

（3）结果计算。

三氧化二铝的质量分数 $w_{Al_2O_3}$ 按下式计算：

$$w_{Al_2O_3} = \frac{T_{Al_2O_3} \times (V_1 - kV_2) \times 10}{m_{样} \times 1\,000} \times 100\%$$

式中　　$T_{Al_2O_3}$ —— 每毫升 EDTA 标准溶液相当于三氧化二铝的毫克数，mg·mL^{-1}；

　　　　V_1 —— 加入 EDTA 标准溶液的体积，mL；

　　　　V_2 —— 滴定时消耗硫酸铜标准溶液的体积，mL；

　　　　K —— 每毫升硫酸铜标准溶液相当于 EDTA 标准溶液的毫升数，mL·mL^{-1}；

　　　　10 —— 全部试样溶液与所分取试样溶液的体积比；

　　　　$m_{样}$ —— 试样的质量，g。

注：此算式不考虑钛的含量。若试样含钛较大时，应从结果中扣除钛的质量百分比。

4.2.6　氧化钙测定——EDTA 滴定法（基准法）

CaO 是熟料中最重要的化学成分，与熟料中 SiO_2、Al_2O_3、Fe_2O_3 反应生成 Ca_2S、C_3S、C_3A、C_4AF 等水硬性矿物，是水泥化学组成或矿物组成的决定性元素。目前广泛用于测定氧化钙的方法是配位滴定法。

1. 基本原理

钙离子与 EDTA 生成的称络合物不很稳定，应在碱性介质中滴定。在碱性介质中，EDTA 的配位能力强，加之 Ca^{2+} 溶液中不会发生水解，故二者的配位反应速度很快，可采取直接滴定法。滴定钙时，干扰因素较多，需采取措施予以掩蔽。其中硅酸和硼的干扰可以预先在酸化的溶液中加入氟化钾抑制；镁离子的干扰，通常采用将溶液 pH 值调至大于 12.5，呈强碱性，使 Mg^{2+} 生成 $Mg(OH)_2$ 沉淀而消除；铁、钛、铝的干扰用三乙醇胺掩蔽。指示剂通常采用钙黄绿素-甲基百里香酚-酚酞混合指示剂（CMP）。

2. 操作步骤

从 4.2.3.1 中的试液 A 中吸取 25.00 mL 放入 400 mL 烧杯中，加水稀释至约 200 mL，加入 5 mL 三乙醇胺溶液（1 + 2）及适量的 CMP 混合指示剂，在搅拌下加入氢氧化钾溶液（200 g·L^{-1}）至出现绿色荧光后再加量 5 ~ 8 mL，此时溶液酸度在 pH = 13 以上，用 0.015 mol·L^{-1} EDTA 标准溶液滴定至绿色荧光消失并呈观红色。

注：本操作用试液 A，已经过氢氟酸处理除硅。若使用 4.2.3.2 的试液 B 测定，应先在试液中加入氟化钾溶液搅拌并放置，以抑制硅酸的干扰。

3. 结果计算

试样中氧化钙的质量分数 w_{CaO} 按下式计算：

$$w_{CaO} = \frac{T_{CaO} \times V \times 10}{m_{样} \times 1\,000} \times 100\%$$

式中　T_{CaO} —— 每毫升 EDTA 标准溶液相当于氧化钙的毫克数，$mg \cdot mL^{-1}$；

V —— 滴定时消耗 EDTA 标准溶液的体积，mL；

10 —— 全部试样溶液与分取试样溶液的体积比；

$m_{样}$ —— 试样的质量，g。

4.2.7　氧化镁的测定——EDTA 滴定差减法（代用法）

水泥中氧化镁的含量是影响水泥性能的品质指标之一，也是判断水泥是否合格的主要依据。在熟料中含有少量 MgO 能降低出现液相温度和黏度，有利于熟料烧成；但 MgO 含量过高会造成水泥安定性不良。水泥中氧化镁测定的基准法为原子吸收光谱法，但目前生产中广泛使用代用法——EDTA 滴定差减法。

1. 基本原理

于 pH = 10 的溶液中用 EDTA 滴定钙与镁的总含量，另取一份溶液于 pH>12.5 用 EDTA 滴定钙含量。从钙镁总含量中减去钙的含量，可求得镁的含量。日常分析中常用酸性铬蓝 K-萘酚绿 B 混合指示剂（简称 K-B 指示剂），终点呈纯蓝色。差减法精确度稍差，但此法目前在国内应用仍很普遍。

在测定的酸度条件下需要加入三乙醇胺掩蔽铁、钛、铝的干扰，如果锰的含量大，对测定干扰较大。因为加入三乙醇胺并将溶液 pH 值调节至 10 之后，Mn^{2+} 即迅速被空气中的氧气氧化为 Mn^{3+}，形成绿色的 Mn^{3+} 配合物，使终点不呈现纯蓝色而呈灰绿色，终点拖长，甚至观察不到终点。通常加入 0.5 ~ 1 g 固体盐酸羟胺，将 Mn^{3+} 还原为无色的 Mn^{2+}。继续用 EDTA 滴定，可得纯蓝色终点。此时 EDTA 滴定的是钙、镁、锰总量。应采取另外的方法测定试样中 MnO 的含量，从总量中减去 $0.57 \times w$（MnO），其中，0.57 为将 MnO 含量换算为 MgO 含量的换算系数，MgO 摩尔质量：MnO 摩尔质量 = 40.31/70.940 = 0.57。

2. 操作步骤

—氧化锰含量在 0.5% 以下时，从 4.2.3.1 中的试液 A 或 4.2.3.2 中的试液 B 中吸取 25.00 mL 放入 400 mL 烧杯中，加水稀释至约 200 mL，加 1 mL 酒石酸钾钠溶液（100 g·L⁻¹）、5 mL 三乙醇胺（1 + 2），搅拌，然后加入 25 mL pH = 10 的缓冲溶液（67.5 g 氯化铵 + 570 mL 氨水稀释到 1 L）及适量的酸性铬蓝 K-萘酚绿 B 混合指示剂，以 0.015 mol·L⁻¹ EDTA 标准滴定溶液滴定，近终点时应缓慢滴定至纯蓝色。记录所耗体积 V_2。

一氧化锰含量在 0.5%以上时，除将三乙醇胺（1+2）的加入量改为 10 mL，并在滴定前加入 0.5~1 g 盐酸羟胺外，其余分析步骤与上步骤相同。

3. 结果计算

（1）一氧化锰含量在 0.5%以下时，镁的质量分数 w_{MgO} 按下式计算：

$$w_{MgO} = \frac{T_{MgO} \times (V_2 - V_1) \times 10}{m_{样} \times 1\,000} \times 100\%$$

式中　T_{MgO}——每毫升 EDTA 标准滴定溶液相当于氧化镁的毫克数，$mg \cdot mL^{-1}$；

　　　V_1——滴定钙时消耗 EDTA 标准溶液的体积，mL；

　　　V_2——滴定钙镁含量时消耗 EDTA 标准溶液的体积，mL；

　　　10——全部试样溶液与所分取试样溶液的体积比；

　　　$m_{样}$——试样的质量，g。

（2）一氧化锰含量在 0.5%以上时，镁的质量分数按下式计算：

$$w_{MgO} = \frac{T_{MgO} \times (V_2 - V_1) \times 10}{m_{样} \times 1\,000} \times 100\% - 0.57 \times w_{MnO}$$

式中　T_{MgO}——每毫升 EDTA 标准滴定溶液相当于氧化镁的毫克数，$mg \cdot mL^{-1}$；

　　　V_1——滴定钙时消耗 EDTA 标准溶液的体积，mL；

　　　V_2——滴定钙镁合量时消耗 EDTA 标准溶液的体积，mL；

　　　10——全部试样溶液与所分取试样溶液的体积比；

　　　$m_{样}$——试样的质量，g；

　　　w_{MnO}——测得的一氧化锰的质量分数，%；

　　　0.57——一氧化锰的氧化镁的换算系数。

4.2.8　氧化锰的测定——高碘酸钾氧化分光光度法（基准法）

用 EDTA 差减法测定水泥中的氧化镁含量时，如果一氧化锰的含量大于 0.5%时，要先测出一氧化锰的含量。测定一氧化锰在含量低时，一般用光度法；含量较高时，采用 EDTA 配位滴定法。

1. 基本原理

在硫酸介质中，用高碘酸将锰氧化成紫红色的高锰酸根，再利用分光光度法测定其含量。该法要用磷酸掩蔽三价铁离子的干扰。

2. 操作步骤

（1）标准溶液的配制和工作曲线的绘制。

称取一定量的硫酸锰（基准试剂或光谱纯）或含水硫酸锰（基准试剂或光谱纯）于称量

瓶中在 250 ℃ ± 10 ℃ 温度下烘干至恒重，即得无水硫酸锰。称取 0.106 4 g 无水硫酸锰，精确到 0.000 1 g，置于 300 mL 烧杯中，加水溶解。加入约 1 mL 硫酸（1 + 1），移入 1 000 mL 容量瓶中，用水稀释至标线，摇匀。此标准溶液含一氧化锰为 0.05 mg·mL^{-1}。

吸取上述标准溶液 0、2.00、6.00、10.00、14.00、20.00 mL 分别放入 150 mL 烧杯，加入 5 mL 磷酸（1 + 1）及 10 mL 硫酸（1 + 1），加水稀释至约 50 mL。加入约 1 g 高碘酸钾，加热微沸 10 ~ 15 min 至溶液达到最大颜色深度，冷却至室温，移入 100 mL 容量瓶，用水稀释到标线，摇匀。使用分光光度计，10 mm 比色皿，以水为掺比，在 530 nm 处测定配好的各溶液的吸光度。用吸光度为对应的一氧化锰的含量的函数，绘制工作曲线。

（2）试样的测定。

称取约 0.5 g 试样（$m_样$），精确到 0.000 1 g，置于铂坩埚中，加入 3 g 碳酸钠-硼砂混合熔剂（1∶1），混匀，在 950 ~ 1 000 ℃ 下熔融 10 min，用坩埚钳夹持坩埚旋转，使熔融物均匀附于坩埚内壁。冷却后，将坩埚放入盛有 50 mL 硝酸（1 + 9）及 100 mL 硫酸（5 + 95）并加热到微沸的 300 mL 烧杯中，继续保持微沸，直到熔融物完全溶解。用水洗净坩埚及盖，用快速滤纸将溶液过滤至 250 mL 容量瓶，并用热水洗涤数次，将溶液冷却都室温后，用水稀释至标线，摇匀。吸取 50.00 mL 上述溶液放入 150 mL 烧杯，按工作曲线绘制实验中步骤操作，加入试剂，测定吸光度。在标准曲线上查出测定试液一氧化锰的含量（mg·mL^{-1}）。根据试液体积可计算试液中一氧化锰的质量（m_1）。

3. 结果计算

试样一氧化锰的含量 w_{MnO} 按下式计算：

$$w_{MnO} = \frac{m_1 \times 5}{m_样} \times 100\%$$

式中　m_1 —— 测定试液中一氧化锰的质量，g；

　　　5 —— 全部试样溶液与所分取试样溶液的体积比；

　　　$m_样$ —— 试样质量。

4.2.9　三氧化硫的测定

在各种水泥中主测定的三氧化硫可代表硫酸盐的含量，硫酸盐特别是硫酸钙的含量是衡量水泥品质的重要指标之一。通常水泥熟料中的 SO_3 主要由煤和生料带入，水泥中的 SO_3 主要由石膏带入。适量的 SO_3 在熟料中起矿化剂作用，在水泥中是缓凝剂，但 SO_3 过多会造成水泥安定性不良。

1. 硫酸钡重量法（基准法）

（1）基本原理。

将试样通过熔融（或烧结）或借酸分解后，用氯化钡将硫酸根离子沉淀成硫酸钡，滤出硫酸钡沉淀，洗净后进行灼烧与称量。硫酸钡溶解度小，易于洗净，化学性质稳定，符合重量分析对沉淀形式和称量形式的要求。因此，硫酸钡重量法是硫的经典测定方法。其缺点是费时较长，难以用来进行生产控制。

（2）操作步骤。

称取约 0.5 g 试样（$m_{样}$），精确到 0.000 1 g，置于 200 mL 烧杯中，加入约 40 mL 水，搅拌使试样完全分散。在搅拌下加入 10 mL 盐酸（1+1），用平头玻棒压碎块状物，加热至沸，并保持微沸（5±0.5）min，使试样充分分解。取下，用中速滤纸过滤，用热水洗涤 10~12 次，滤液及洗液收集于 400 mL 烧杯，加水稀释至约 250 mL。玻棒底部压一小片定量滤纸，盖上表面皿，煮沸，在微沸下从杯口缓慢逐滴加 10 mL 热的氯化钡溶液（100 g·L^{-1}）。继续微沸 3 min 以上，然后在常温下静置 12~14 h（仲裁分析要求）或温热下静置 4 h。此时溶液体积应保持在 200 mL。用慢速定量滤纸过滤，以温水洗涤至无氯离子为止。将沉淀及滤纸一并移入已灼烧至恒重量的瓷坩埚中。灰化完全后，在 800~950 ℃的高温炉上灼烧 30 min，取出，置于干燥器中冷却至室温，称量。反复灼烧，称量至恒重。

（3）结果计算。

三氧化硫的质量分数 w_{SO_3} 按下式计算：

$$w_{SO_3} = \frac{m_{沉淀} \times 0.343}{m_{样}} \times 100\%$$

式中　$m_{沉淀}$——灼烧后沉淀的质量，g；

　　　$m_{样}$——试样的质量，g；

　　　0.343——硫酸钡对三氧化硫的换算系数。

2. 还原-碘量法（代用法）

（1）基本原理。

应用碘量法测定试样中三氧化硫的含量，是基于用磷酸溶样，借助强还原剂氯化亚锡将试样中的硫酸盐还原为硫化氢，然后用碘量法进行测定。本方法中硫化物干扰测定，需预先用磷酸加热将其除去。

以磷酸进行预处理除去硫化物（如 FeS、MnS、CaS 等）：

$$3CaS + 2H_3PO_4 \stackrel{\triangle}{=\!=\!=} Ca(PO_4)_2 + 3H_2S\uparrow$$

试料除去硫化物后，加入氯化亚锡–磷酸溶液，加热至 250~300 ℃，将硫酸盐还原为硫化氢气体逸出：

$$SO_4^{2-} + 4Sn^{2+} + 10H^+ =\!=\!= H_2S\uparrow + 4Sn^{4+} + 4H_2O$$

反应生成的硫化氢气体先用锌-氨溶液吸收，生成硫化锌沉淀保留下来：

$$Zn(NH_3)_4^{2+} + H_2S + 2H_2O =\!=\!= ZnS\downarrow + 2NH_2 \cdot H_2O + 2NH_4^+$$

在保留有硫化锌沉淀的吸收液中，加入过量的碘酸钾标准滴定溶液（内含碘化钾）及硫酸溶液，则在酸性溶液中同时发生下述反应：

碘酸钾与碘化钾反应，生成单质碘：

$$IO_3^- + 5I^- + 6H^+ =\!=\!= 3I_2 + 3H_2O$$

硫化锌沉淀被硫酸溶解又生成硫化氢：

$$ZnS + 2H^+ \rightleftharpoons Zn^{2+} + H_2S\uparrow$$

生成的硫化氢立即被单质碘氧化成单质硫沉淀：

$$H_2S + I_2 \rightleftharpoons 2HI + S\downarrow$$

溶液中剩余的单质碘，用硫代硫酸钠标准滴定溶液返滴定至淡黄色，再加入淀粉指示剂溶液，继续以硫代硫酸钠标准滴定溶液滴定至蓝色消失，即为终点。

$$I_2 + 2S_2O_3^{2-} \rightleftharpoons 2I^- + S_4O_6^{2-}$$

根据碘酸钾标准溶液和返滴定硫代硫酸钠标准溶液的消耗量，以及二者的体积比，即可算出实际消耗的碘酸钾标准滴定溶液的消耗量，从而可求出试样中三氧化硫的质量分数。

（2）操作步骤。

仪器装置见图 4-2-1，小电炉与 1 kV·A 调压变压器相连接。洗气瓶内盛 100 mLCuSO$_4$ 溶液（50 g·L^{-1}），配制时加入 2 滴 H$_2$SO$_4$ 溶液（1+2）；吸收杯内盛 20 mL 氨性硫酸锌溶液（100 g·L^{-1}），加水稀释至 30 mL。

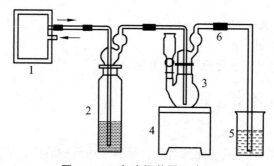

图 4-2-1　定硫仪装置示意图

1—微型空气泵；2—250 mL 洗气瓶；3—100 mL 反应瓶；4—电炉；5—吸收瓶；6—硅橡胶管

准确称取约 0.5 g 试样（$m_{样}$），精确至 0.000 1 g，置于 100 mL 干燥的反应瓶中。加 10 mL 磷酸，置于电炉上加热至沸，然后继续在微沸温度下加热至无大气泡、液面平静、无白烟出现时为止。取下放冷。由分液漏斗向反应瓶中加入 10 mL SnCl$_2$-H$_3$PO$_4$ 溶液（100 g SnCl$_2$ 溶于 1 L H$_3$PO$_4$，加热至无气泡冒出），按图 4-2-1 连接空气泵、洗气瓶、反应瓶及吸收杯，关闭活塞。

开动空气泵，保持通气速度每秒钟 4~5 个气泡，于电压 200 V 下加热 10 min，然后将电压降至 160 V 继续通气加热 5 min，停止加热。取下吸收杯，关闭空气泵。用水冲洗插入吸收液内的玻璃管，加入 10 mL 明胶溶液（5 g·100 mL^{-1} 水），由滴定管向吸收杯内加入 15.00 mL KIO$_3$ 标准滴定溶液（0.03 mol·L^{-1}），准确记录体积 V_1。在搅拌下一次加入 30 mL H$_2$SO$_4$ 溶液（1+2），用 Na$_2$SO$_3$ 标准滴定溶液（0.03 mol·L^{-1}）滴定至淡黄色时，加入 2 mL 淀粉指示剂溶液，再继续滴定至蓝色消失。消耗的 Na$_2$SO$_3$ 标准溶液体积记录为 V_2。

（3）结果计算。

试样中三氧化硫的质量分数 w_{SO_3} 按下式计算：

$$w_{SO_3} = \frac{T_{SO_3} \times (V_1 - K \times V_2)}{m_{样} \times 100} \times 100\%$$

式中　T_{SO_3}—— 每毫升 KIO_3 标准滴定溶液相当于 SO_3 的毫克数，$mg \cdot mL^{-1}$；

　　　V_1—— 加入 KIO_3 标准滴定溶液的体积，mL；

　　　V_2—— 滴定时消耗 Na_2SO_3 标准滴定溶液的体积，mL；

　　　K—— 每 mL Na_2SO_3 标准滴定溶液相当于 KIO_3 标准测定溶液的毫升数，mL；

　　　$m_{样}$—— 试样质量，g。

3. 燃烧—库仑滴定法（代用法）

（1）基本原理。

试样中的硫在 1 200 ℃ 和五氧化二钒助熔剂作用下，分解生成 SO_2，将 SO_2 用含有 KI 的溶液吸收。以铂电极为电解电极，用库仑积分仪进行跟踪滴定，用另一铂电极为指示电极指示滴定终点，根据法拉第定律（$Q = nFZ$），由电解时消耗的电量确定碘的生成量进而确定试样中三氧化硫的含量。

（2）操作步骤。

将库仑积分仪的管式电热炉升温至 1 200 ℃ 以上，控制其恒温，按照说明书在电解池中加入适量的电解液（6 g 碘化钾和 6 g 溴化钾溶于 300 mL 水中，加 10 mL 冰乙酸）。打开仪器开关，将约 0.05 g 三氧化硫含量为 1%～3% 的样品置于瓷舟中，在样品上盖一层五氧化二钒，然后送入管式电热炉，样品在恒温区数分钟内能启动电解碘的生成，说明仪器工作正常。

称取约 0.05 g 试样（$m_{样}$），精确至 0.000 1 g，将试样均匀地平铺在瓷舟中，在试样上加盖一层五氧化二钒，送入管式电热炉进行测定，仪器显示为三氧化硫的毫克数（m）。

如试样含有硫化物，事先用甲酸溶液（1＋1）处理，微热，除去硫化氢，烘干后再加五氧化二钒进行测定。

（3）结果计算。

试样中三氧化硫的质量分数 w_{SO_3} 按下式计算：

$$W_{SO_3} = \frac{m \times 0.343}{m_{样} \times 1\,000} \times 100\%$$

式中　m—— 仪器显示的三氧化硫毫克数，mg；

　　　$m_{样}$—— 试样的质量，g；

　　　0.343 —— 硫酸钡对三氧化硫的换算系数

本方法引用标准：JC/T 850—2009。

4. 离子交换-中和法（代用法）

（1）基本原理。

将氢型阳离子交换树脂与含有硫酸钙的试样放在水中一起搅拌，钙离子可扩散至树脂表面或进入树脂的网状结构的内部，与树脂活性基团上氢离子发生化学交换反应：

$$CaSO_4 \rightleftharpoons Ca^{2+} + SO_4^{2-}$$

$$2R\text{—}SO_3H + Ca^{2+} \rightleftharpoons Ca(R\text{—}SO_3)_2 + 2H^+$$

经过两次静态交换，溶液中生成与钙离子等物质的量的氢离子。滤出树脂，以酚酞为指示剂，用氢氧化钠标准滴定溶液滴定生成的酸，可间接测得试样中硫酸盐（以三氧化硫表示）的含量。本方法只适用于掺加天然石膏且不含氟、氯、磷的试样，使用范围有很大的局限性。

（2）操作步骤。

称取约 0.2 g 试样（$m_{样}$），精确至 0.000 1 g，置于已盛有 5 g 已经过盐酸和蒸馏水预处理好的树脂（H 型 732 苯乙烯强酸性阳离子交换树脂）、一根搅拌子及 10 mL 热水的 150 mL 烧杯中，摇动烧杯使试样分散，向烧杯中加入 40 mL 沸水，置于磁力搅拌器上，加热搅拌 10 min。取下，以快速滤纸过滤，并用热水洗涤烧杯与滤纸上的树脂 4 ~ 5 次。滤液及洗液收集于另一装有 2 g 树脂及一根搅拌子的 150 mL 烧杯中（此时溶液体积在 100 mL 左右）。再将烧杯置于磁力搅拌器上搅拌 3 min，取下，用快速滤纸过滤，用热水冲洗烧杯与滤纸上的树脂 5 ~ 6 次，滤液及洗液收集于 300 mL 烧杯中。向溶液中加入 5 ~ 6 滴酚酞指示剂，用 NaOH 标准溶液（0.06 mol·L^{-1}）滴定至微红色，耗去的 NaOH 标准溶液记为 V。用过的树脂可以回收再生。

（3）结果计算。

SO$_3$ 的质量分数 w_{SO_3} 按下式计算：

$$W_{SO_3} = \frac{T_{SO_3} \times V}{m_{样} \times 1\,000} \times 100\%$$

式中　　T_{SO_3} —— 每毫升 NaOH 标准溶液相当于 SO$_3$ 的毫克数，mg·mL^{-1}；

　　　　V —— 滴定时消耗 NaOH 标准溶液体积，mL；

　　　　$m_{样}$ —— 试样的质量，g。

4.2.10　氧化钾和氧化钠的测定——火焰光度法（基准法）

生产水泥的许多原料中都含有钾和钠。在煅烧水泥熟料时，除了一部分钾、钠在高温下挥发之外，剩下的氧化钾和氧化钠主要存在于熟料的玻璃相中；当钾、钠含量较高时，可能形成含碱矿物。此外，部分氧化钾与熟料中的硫酸酐结合成硫酸钾，还可能有少量钾、钠与熟料矿物形成固溶体。钾、钠在水泥中是有害成分，因而测定水泥与水泥原料中钾、钠的含量，具有重要的意义。

目前，在水泥生产中测定钾、钠，主要应用火焰光度法。此方法操作简便，速度快，测定结果准确，并适于大批试样的分析。近几年来随着原子吸收分光光度法的迅速发展，采用这一新的测试手段测定水泥中的钾、钠，也取得了很好的效果。

1. 基本原理

火焰光度法以火焰作为激发光源，使被测元素的原子激发，用光电检测系统来测量被激发元素所发射的特征辐射强度，从而进行元素定量分析的方法。火焰光度法是一种仪器分析方法，属于原子发射光谱法的范畴。

2. 操作步骤

（1）标准溶液的配制和工作曲线的绘制。

称取 1.582 9 g 已于 105～110 ℃ 烘过 2 h 的氯化钾（基准试剂或光谱纯）及 1.885 9 g 同样条件下烘干的氯化钠（基准试剂或光谱纯）置于烧杯中，加水溶解后，移入 1 000 mL 容量瓶，用水稀释至标线，摇匀，储存于塑料瓶中，此溶液每毫升含 1 mg 氧化钾和 1 mg 氧化钠。

吸取每毫升含 1 mg 氧化钾及 1 mg 氧化钠的标准溶液 0、2.50、5.00、10.00、15.00、20.00 mL 分别放入 6 个 500 mL 容量瓶中，用水稀释至标线，摇匀，储存于塑料瓶中。然后分别于火焰光度计上按仪器使用规程进行测定。以测得的检流计读数为相应的氧化钾与氧化钠的溶含量的函数，分别绘制工作曲线。

（2）样品分析。

称取约 0.2 g 试样（$m_{样}$），精确到 0.000 1 g（称取试样的质量，应视钾、钠含量的高低酌情增减。对于普通硅酸盐水泥及其生料、熟料、石灰石等含钾钠较低的样品，一般称取 0.2～0.3 g；黏土、粉煤灰、页岩、窑灰等钾含量较高，可称取 0.1 g 左右试样）。置于铂金皿中，用少量水润湿，加入 5～7 mL 氢氟酸和 15～20 滴硫酸（1+1），放入通风橱内置于低温电热板上加热，近干时摇动铂金皿，以防溅失，待氢氟酸驱尽后逐渐升高温度，继续将三氧化硫的白烟赶尽，取下放冷。加入 40～50 mL 热水，并将残渣压碎使其溶解，加入 1 滴甲基红指示剂（2 g·L⁻¹），用氨水（1+1）中和至黄色，再加入 10 mL 碳酸铵溶液（100 g·L⁻¹），搅拌，置于通风橱内电热板上加热，微沸 20～30 min。用快速滤纸过滤，以热水充分洗涤，滤液及洗涤液收集 100 mL 容量瓶中，冷却至室温，以盐酸（1+1）中和至溶液呈微红色，然后用水稀释至标线，摇匀。火焰光度计按仪器使用规程，在与绘制标准曲线实验时相同的仪器条件下进行测定。在工作曲线上分别查出试液中氧化钾与氧化钠的含量，根据试液体积计算出试样中氧化钾与氧化钠的质量（分别记为 m_1 和 m_2）。

3. 结果计算

氧化钾的质量分数 w_{K_2O} 和氧化钠的质量分数 w_{Na_2O} 按下式计算：

$$w_{K_2O} = \frac{m_1}{m_{样}} \times 100\%$$

$$w_{Na_2O} = \frac{m_2}{m_{样}} \times 100\%$$

式中　m_1 —— 试样中氧化钾的质量，g；

　　　m_2 —— 试样中氧化钠的质量，g；

　　　$m_{样}$ —— 试样的质量，g。

4.2.11　游离氧化钙的测定——甘油酒精法（代用法）

以游离状态存在于熟料中的氧化钙称为游离氧化钙。游离氧化钙是水泥中的有害成分。当配料不当、生料过粗或煅烧不良时，熟料中就会出现游离氧化钙。通常游离氧化钙成死烧状态，水化速度很慢。在水泥水化、硬化并具有一定强度后游离氧化钙才开始水化，体积膨大使水泥石强度下降，开裂，是水泥安定性不良的主要因素。《水泥化学分析方法》（GB/T 176—2008）中两种测定游离氧化钙的方法都是代用法。

1. 基本原理

在加热搅拌状态下，以硝酸锶为催化剂。试样中的游离氧化钙与甘油作用生成弱碱性的甘油钙，此产物可使酚酞指示剂变红，用酸进行滴定，终点时，红色褪去。根据消耗的酸的量可计算游离氧化钙的含量。

2. 操作步骤

称取约 0.5 g 试样（$m_样$），精确至 0.000 1 g，置于 250 mL 干燥的锥形瓶中，加入 30 mL 甘油-无水乙醇溶液（1 + 2）①，加入约 1 g 硝酸锶，放入一搅拌子，装上回流冷凝管，置于恒温磁力搅拌器上，以适当的速度搅拌溶液。同时升温煮沸，在搅拌下微沸 10 min 后，溶液呈红色，取下锥形瓶，立即以苯甲酸-无水乙醇标准溶液②滴定至红色消失。再将冷凝器装上，继续在搅拌下煮沸到红色出现，再取下滴定。如此反复操作，直至在加热 10 min 后不出现红色为止。

3. 结果计算

游离 CaO 的质量百分数 $w_{f\text{-}CaO}$ 按下式计算：

$$w_{f\text{-}CaO} = \frac{T_{CaO} \times V}{m_样 \times 1\,000} \times 100\%$$

式中　T_{CaO}——每毫升苯甲酸无水乙醇标准溶液相当于 CaO 的毫克数，mg·mL^{-1}；

　　　　V——滴定时消耗苯甲酸无水乙醇标准溶液的总体积，mL；

　　　　$m_样$——试样质量，g。

注释：

① 甘油-无水乙醇溶液：将 500 mL 甘油醇与 1 000 mL 无水乙醇混合，加入 0.1 g 的酚酞，混匀，以 NaOH-无水乙醇溶液中和至微红色。将溶液储存于干燥密封的容器中。

② 苯甲酸-无水乙醇标准溶液的配制、标定和滴定度计算：称取 12.2 g 已在干燥器中干燥 24 h 后的苯甲酸溶于 1 L 无水乙醇中，储存在带胶塞（装有硅胶干燥管）的玻璃瓶内待标定。

取一定量 CaCO$_3$（基准试剂）置于铂（或瓷）坩埚中，在 950 ℃±25 ℃ 下灼烧至恒量。从中称取 0.04 gCaO（m），精确至 0.000 1 g，置于 250 mL 干燥的锥形瓶中，加入 30 mL 甘油-无水乙醇溶液，加入约 1 g 硝酸锶，放入一根搅拌子，装上冷凝管，在恒温磁力搅拌器上，以适当的速度搅拌，加热煮沸，在搅拌下微沸 10 min 后，取下锥形瓶，立即以苯甲酸-无水乙醇标准溶液滴定至红色消失。再将冷凝管装上，继续加热煮沸至红色出现，再取下滴定。如此反复操作，直到在加热 10 min 后不出现红色为止，消耗的标准溶液体积即为 V。

苯甲酸-无水乙醇标准溶液对 CaO 的滴定度计算式：

$$T_{CaO} = \frac{m \times 1\,000}{V}$$

式中　T_{CaO}——每毫升苯甲酸无水乙醇标准溶液相当于 CaO 的毫克数，$mg \cdot mL^{-1}$；

　　　V——滴定时消耗苯甲酸无水乙醇标准溶液的总体积，mL；

　　　m——CaO 的质量，g。

4.2.12　二氧化钛的测定——二安替比林甲烷光度法

二氧化钛能与各种水泥熟料矿物形成固溶体，特别是对 C_2S 起稳定作用，可提高熟料的质量。但二氧化钛含量过高，则与氧化钙反应生成没有水硬性的钙钛矿，影响水泥强度。目前微量钛含量的测定方法主要有分光光度法、原子吸收光谱法等。

1. 方法原理

二安替比林甲烷（DAPM）与溶液中的钛氧基离子（TiO^{2+}）在酸性介质中生成黄色配合物，可用分光光度法在波长 420 nm 测量此有色溶液的吸光度。铁离子也能与二安替比林甲烷形成黄色配合物，加入抗坏血酸将 Fe^{3+} 还原为 Fe^{2+} 以消除其干扰。

2. 操作步骤

（1）TiO_2 标准溶液的配制和工作曲线的绘制。

称取 0.100 0 g 已于 950 ℃ ± 25 ℃ 灼烧 60 min 的二氧化钛（光谱纯），精确至 0.000 1 g，于铂坩埚，加入 2 g 焦硫酸钾，在 500 ~ 600 ℃ 下熔融至透明。冷却后，熔块用硫酸（1 + 9）浸出，加热到 50 ~ 60 ℃ 使熔块完全熔解，冷至室温，移入 1000 mL 容量瓶中，用硫酸（1 + 9）稀释至标线，摇匀。此标准溶液每毫升含有 0.100 0 mg 二氧化钛。

吸取 100.00 mL 上述标准溶液于 500 mL 容量瓶中，用硫酸（1 + 9）稀释至标线，摇匀。此标准溶液每毫升含有 0.020 0 mg 二氧化钛。分别吸取以上标准溶液 0、2.00、4.00、6.00、8.00、10.00、12.00、15.00 mL 于 8 个 100 mL 容量瓶，依次加入 10 mL 盐酸（1 + 2）、10 mL 抗坏血酸溶液（5 g·L^{-1}），放置 5 min，加入 5 mL 乙醇[95%（V/V）]及 20 mL 二安替比林甲烷溶液（30 g·L^{-1}盐酸溶液），用水稀释至标线，摇匀。放置 40 min 后，用 10 mm 比色皿，以水作参比，于 420 nm 处用分光光度计依次测定标准比色溶液系列的吸光度。以测得的吸光度为相应的标准溶液浓度的函数绘制工作曲线。

（2）试样测定。

取 4.2.3.2 的试液 B 25.00 mL 放入 100 mL 容量瓶内，然后按工作曲线绘制实验中步骤操作，加入试剂，测定吸光度。在标准曲线上查出测定试液二氧化钛的含量（$mg \cdot mL^{-1}$）。根据试液体积可计算试液中二氧化钛的质量（m_1）。

3. 结果计算

试样三氧化二铁的含量 w_{TiO_2} 按下式计算：

$$w_{TiO_2} = \frac{m_1 \times 10}{m_{样}} \times 100\%$$

式中　m_1——测定试液中二氧化二钛的质量，g；

　　　10——全部试样溶液与所分取试样溶液的体积比；

　　　$m_{样}$——试样质量，g。

4.2.13　五氧化二磷的测定——磷钼酸铵分光光度法

水泥熟料 P_2O_5 较高时，水泥凝结的早期强度增长速度缓慢，影响水泥凝结时间。常用的测定五氧化二磷的方法有重量法、容量法和分光光度法，含量较低时采用分光光度法。《水泥化学分析方法》（GB/T 176—2008）中，增加了分光光度法测定五氧化二磷的内容。

1. 基本原理

五氧化二磷在沸水中以正磷酸存在，在一定酸度下，磷酸与钼酸铵反应生成黄色的磷钼黄，在还原剂抗坏血酸的作用下，磷钼黄生成磷钼蓝络合物。用分光光度法可测定该络合物的浓度。

2. 操作步骤

（1）五氧化二磷标准溶液的配制和标准曲线的绘制。

称取 0.191 7 g 已于 105 ~ 110 ℃ 烘过 2 h 的磷酸二氢钾（基准试剂），精确至 0.000 1 g，置于 300 mL 烧杯中，加水溶解后，移入 1000 mL 容量瓶，用水稀释至标线，摇匀。此标准溶液每毫升含五氧化二磷 0.1 mg。将溶液稀释 10 倍成为每毫升含五氧化二磷 0.01 mg 的溶液。

吸取上述标准溶液 0、2.00、4.00、6.00、8.00、10.00、15.00、20.00、25.00 mL 分别放入 200 mL 烧杯，加水稀释至 50 mL，加入 10 mL 钼酸铵溶液（15 g·L⁻¹）和 2 mL 抗坏血酸溶液（50 g·L⁻¹），加热微沸 1 ~ 2 min，冷却到室温后移入 100 mL 容量瓶，用盐酸（1 + 10）洗涤烧杯并用盐酸（1 + 10）稀释至标线，摇匀。用分光光度计，10 mm 比色皿，以水为参比，于 730 nm 测定溶液的吸光度。用测得的吸光度为对应溶液的五氧化二磷含量的函数，绘制工作曲线。

（2）试样测定。

称取约 0.25 g 试样（$m_{样}$）于铂坩埚中，加入少量水润湿，慢慢加入 3 mL 盐酸，5 滴硫酸（1 + 1）和 5 mL 氢氟酸，放入通风橱内低温电热板加热，近干时摇动坩埚，以防溅失。蒸发至干，再加入 3 mL 氢氟酸，继续于电热板蒸发至干。取下冷却，向坩埚中经氢氟酸处理后的残渣加入 3 g 碳酸钠-硼砂混合熔剂（质量比为 2 : 1），在 950 ~ 1 000 ℃ 下灼烧 10 min，用坩埚钳旋转坩埚，使熔融物均匀附于坩埚内壁。冷却后，将坩埚放入已盛有 10 mL 硫酸（1 + 1）和 100 mL 水并加热到微沸的 300 mL 烧杯中。继续保持微沸状态，直至熔融物完全溶解，用水洗干净坩埚及盖，冷却至室温后移入 250 mL 容量瓶，用水稀释至标线，摇匀。

吸取 50.00 mL 以上溶液放入 200 mL 烧杯中，加入 1 滴对硝基酚指示剂溶液（2 g·L⁻¹），滴加氢氧化钠溶液（200 g·L^{-1}）至黄色，再滴加盐酸（1+1）至无色，加入 10 mL 钼酸铵溶液（15 g·L^{-1}）和 2 mL 抗坏血酸（50 g·L^{-1}），加热微沸 1~2 min，冷却到室温后，移入 100 mL 容量瓶，用盐酸（1+10）洗涤烧杯并用盐酸（1+10）稀释至标线，摇匀。用分光光度计，10 mm 比色皿，以水为参比，于 730 nm 测定溶液的吸光度。在工作曲线查出五氧化二磷的含量（mg·mL^{-1}），由此求出试液中五氧化二磷的质量（m_1）。

3. 结果计算

试样五氧化二磷的含量 $w_{P_2O_5}$ 按下式计算：

$$w_{P_2O_5} = \frac{m_1 \times 5}{m_{样}} \times 100\%$$

式中　m_1——试液中五氧化二磷的质量，g；

　　　5——全部试样溶液与所分取试样溶液的体积比；

　　　$m_样$——试样质量，g。

4.2.14　氟离子的测定——离子选择电极法

水泥生料或熟料中的氟主要是由加入的复合矿化剂（石膏和萤石）带入，含量一般在 1% 以下。为了实现合理的烧成工艺条件，需要对氟化钙含量进行测定。氟的测定方法主要是离子选择电极法，此外还有磷酸溶样快速蒸馏容量法等。

1. 基本原理

在弱酸性条件下，氟离子选择电极的电位随溶液中氟离子的活度而变化。以氟离子选择电极为指示电极，饱和甘汞电极为参比电极，用离子计或者酸度计测定的电位值在一定范围与氟离子活度的对数有线性关系。利用此关系可测得氟离子的浓度。测定中，为了维持酸度和总离子强度不变，需使用总离子强度调节缓冲溶液。

2. 操作步骤

（1）氟离子标准溶液的配制和标准曲线的绘制。

称取 0.276 3 g 已于 105~110 ℃烘过 2 h 的氟化钠（优级纯），精确到 0.000 1 g，置于塑料烧杯，加水溶解后，移入 500 mL 容量瓶，用水稀释到标线，摇匀，储存于塑料瓶，此标准溶液含氟离子 0.25 mg·mL^{-1}。

吸取以上标准溶液 10.00、20.00、40.00、60.00 mL 分别放入 500 mL 容量瓶，用水稀释到标线，摇匀，储存于塑料瓶。此系列标准溶液分别每毫升含氟离子 0.005、0.010、0.20、0.030 mg。

吸取以上系列标准溶液各 10.00 mL，放入置有一磁力搅拌子的 50 mL 干烧杯，准确加入 10.00 mL pH = 6 的总离子强度调节缓冲溶液[294.1 g 枸橼酸钠溶于水，用盐酸（1+1）] 和氢氧化钠调整 pH = 6.0，加水稀释到 1 L]，将烧杯置于磁力搅拌器上，在溶液中插入氟离子选择电极和饱和甘汞电极，开动搅拌器搅拌 2 min，停止 30 s。用离子计或酸度计测量平衡电位。

用单对数坐标纸，以对数坐标为氟离子的浓度，常数坐标为电位值，绘制工作曲线。

（2）试样测定。

称取约 0.2 g 试样（$m_样$）置于 100 mL 烧杯中，加入 10 mL 水使试样分散，在搅拌下加入 5 mL 盐酸（1+1），加热煮沸并继续微沸 1~2 min。用快速滤纸过滤，用热水洗涤 5~6 次，冷却到室温，加入 2~3 滴溴酚蓝指示剂溶液（2 g·L^{-1}），用盐酸（1+1）和氢氧化钠溶液（200 g·L^{-1}）调节酸度，使溶液正好由蓝色变为黄色（应防止氢氧化铝沉淀生成），然后移入 100 mL 容量瓶，用水稀释至标线，摇匀。

吸取 10.00 mL 试液放入 50 mL 干烧杯，然后按照绘制标准曲线步骤测定平衡电位，在工作曲线查出试液氟离子浓度（c）。

3. 结果计算

试样中三氧化硫的质量分数 w_{SO_3} 按下式计算：

$$w_{SO_3} = \frac{c \times 100}{m_样 \times 1\,000} \times 100\%$$

式中　　c —— 试液氟离子浓度，mg·mL^{-1}；

　　　　100 —— 试液的总体积，mL；

　　　　$m_样$ —— 试样质量，g。

4.3　水泥原材料的分析项目和方法

生产硅酸盐水泥的主要原料有石灰质原料、黏土质原料、铁质原料和用作水泥缓凝剂的石膏等。对这些原料进行准确的分析、确保进厂原料的质量是获得准确配料比和高质量水泥成品的前提。以下是这些原料主要成分的分析项目，其中大部分分析方法已在前面介绍了，这里只列出所用方法的名称，具体的操作可参看 4.2 中相关内容。

4.3.1　石灰质原料的分析

石灰质原料是生产水泥的主要原料之一，包括石灰石、白垩土、贝壳、料姜石等，其主要成分为碳酸钙（$CaCO_3$），同时含有一定量的碳酸镁和少量的铁、铝、硅等杂质。其化学成分大致为：氧化钙 45%~53%，氧化镁 0.1%~3.0%，氧化铝 0.2%~2.5%，氧化铁 0.1%~0.2%，二氧化硅 0.2%~10%，烧失量 36%~43%。

石灰质原料的主要分析项目和常用方法有：

（1）二氧化硅：氯化铵重量法（基准法），氟硅酸钾容量法（代用法）。

（2）三氧化二铁：EDTA 直接滴定法（基准法），邻菲罗啉分光光度法（代用法），原子吸收光谱法（代用法）。

（3）三氧化二铝：EDTA 直接滴定法（基准法），硫酸铜返滴定法（代用法）。

（4）氧化钙：EDTA 滴定法（基准法）。

（5）氧化镁：原子吸收光谱法（基准法），EDTA 滴定差减法（代用法）。

（6）二氧化钛：二安替比林甲烷光度法。

（7）五氧化二磷：磷钼酸铵分光光度法。

（8）游离二氧化硅。

4.3.2　硅质原料的分析

硅质原料指能提供水泥熟料中硅、铝等成分的一类原料，主要为黏土以及接近黏土成分的煤矸石、页岩、沸石、粉煤灰、煤灰、矿渣等。其化学成分见表 4-3-1。

表 4-3-1　硅质原料大致化学成分（%）

	黏　土	煤矸石	砂　岩	页　岩	沸　石	粉煤灰	矿　渣
SiO_2	40～65	39～45	95～99	62～68	60～70	49～59	28～50
Al_2O_3	15～40	10～15	0.3～0.5	10～21	12～15	25～35	5～30
Fe_2O_3	微～5	1～8	0.1～0.3	2	1～2	3～6	0.3～1
CaO	0～5	18～38	0.05～0.15	1～3	1～5	3～6	30～45
MgO	微～5	8～10	0.01～0.05	微～0.5	0.5～1.5	0.8～1.8	2～15
K_2O+Na_2O	<4	3	0.2～1.5	5～8	3	23	2

硅质原料主要的分析项目和常用方法：

（1）二氧化硅：氯化铵重量法（基准法），氟硅酸钾容量法（代用法）。

（2）三氧化二铁：三氯化钛还原-重铬酸钾氧化还原滴定法（建材行业基准法），EDTA 直接滴定法（基准法）。

（3）二氧化钛：二安替比林甲烷光度法。

（4）三氧化二铝：EDTA 硫酸铜返滴定法（建材行业基准法），EDTA 直接滴定法（基准法）。

（5）氧化钙：EDTA 滴定法（基准法），氢氧化钠熔样-EDTA 滴定法（代用法）。

（6）氧化镁：EDTA 滴定差减法（建材行业基准法）。

（7）三氧化硫：硫酸钡重量法（基准法），燃烧-库仑滴定法（代用法）。

（8）氧化钾和氧化钠：火焰光度法（基准法）。

（9）烧失量的测定：灼烧差减法（建材行业代用法）。

4.3.3　铁质原料的分析

铁质原料是用来补充水泥生料中铁含量的不足的原料，要求其三氧化二铁的含量一般在 20%～70%。常用的铁质原料有铁矿石、硫铁矿煅烧残渣等。铁质原料的分析重点是测定铁和铝。

铁质原料的主要分析项目和常用方法有：

（1）烧失量的测定：灼烧差减法（建材行业代用法）。

（2）二氧化硅：氟硅酸钾容量法（建材行业基准法）。

（3）三氧化二铁：三氯化钛还原-重铬酸钾氧化还原滴定法（建材行业基准法），EDTA 直接滴定法（基准法）。

（4）三氧化二铝：EDTA 直接滴定法（基准法），EDTA 硫酸铜返滴定法（代用法）。

（5）氧化钙：EDTA 滴定法（基准法）。

（6）氧化镁：EDTA 滴定差减法（代用法）。

（7）三氧化硫：硫酸钡重量法（基准法），燃烧-库仑滴定法（代用法）。

（8）氧化钾和氧化钠：火焰光度法（基准法）。

4.3.4　石膏的分析

石膏作为水泥的缓凝剂，用来调节水泥的凝结时间，也可以增加水泥的强度。石膏成分分析最重要的目的是测定三氧化硫含量。水泥用石膏的主要分析项目和方法有：

1. 附着水的测定（基准法）

准确称取约 1 g 试样（m_2），放入已烘干至恒重的带有磨口塞的称量瓶中，于 45 ℃ ± 3 ℃ 烘箱内烘 2 h，（烘干时称量瓶应敞开盖）取出，盖上磨口塞（不应盖得太紧），放入干燥器中冷却至室温。将磨口塞紧密盖好，称量。再将称量瓶敞开盖放入烘箱中，在同温度下烘干 30 min；如此反复烘干，冷却称量，直至恒重量（m_1）。

附着水的百分含量 X_1 按下式计算：

$$X_1 = \frac{m_2 - m_1}{m_2} \times 100\%$$

式中　　m_3——烘干前试样的质量，g；

　　　　m_1——烘干后试样的质量，g。

本方法引用标准：GB T 5484—2000，石膏化学分析方法。

2. 结晶水的测定（基准法）

准确称取试样约 1 g（m_3）放入已烘干至恒重的带有磨口塞的称量瓶中，在 230 ℃ ± 5 ℃ 的烘箱中加热 1 h，用坩埚钳将称量瓶取出，盖上磨口塞，放入干燥器中冷却至室温，称量。再放入烘箱中于同温度下加热 30 min，如此反复加热，冷却，称量，直至恒重（m_1）。

结晶水的百分含量 X_2 按下式计算：

$$X_1 = \frac{m_3 - m_1}{m_3} \times 100\%$$

式中　　m_3——加热前试样的质量，g；

m_1——加热后试样的质量，g。

本方法引用标准：GB T 5484—2000，石膏化学分析方法。

3. 酸不溶物的测定

准确称取试样 0.5 g（$m_{样}$）置于 250 mL 烧杯中，用水润湿后盖上表面皿，从杯口慢慢加入 40 mL 盐酸（1+5），待反应停止后，用水冲洗表面皿及杯壁并稀释至约 75 mL，加热煮沸 3~4 min，用慢速滤纸过滤，不溶残渣以热水洗至检验无氯离子（用 1%硝酸银溶液检验）。将沉淀和滤纸一并移入已灼烧恒重的瓷坩埚中，灰化后在 950~1 000 ℃的温度下灼烧 20 min，取出放入干燥器中冷却至室温，称量，如此反复灼烧，冷却称量直至恒重（m_1）。

酸不溶物的百分含量 X_3 按下式计算：

$$X_3 = \frac{m_1}{m_{样}} \times 100\%$$

式中 m_1——灼烧后残渣重量，g；

$m_{样}$——试样重量，g。

本方法引用标准：GB T 5484—2000，石膏化学分析方法。

4. 三氧化硫的测定

硫酸钡重量法（基准法），离子交换-中和法（代用法）。

5. 氧化钙

EDTA 滴定法（基准法）。

6. 氧化镁

EDTA 滴定差减法（代用法）。

7. 二氧化钛

二安替比林甲烷光度法。

8. 三氧化二铁

邻菲罗啉分光光度（代用法），EDTA 直接滴定法（基准法）。

9. 三氧化二铝

硫酸铜返滴定法（代用法）。

10. 氧化钾和氧化钠

火焰光度法（基准法）。

11. 二氧化硅

氟硅酸钾容量法（代用法）。

12. 五氧化二磷

磷钼酸铵分光光度法。

13. 氟离子

离子选择电极法。

14. 烧失量

灼烧差减法（建材行业代用法）。

4.4　煤的分析

煤炭是水泥生产的主要燃料，水泥生产用煤的分析主要包括煤的工业分析和成分分析，在特殊需要时还要进行元素分析。

4.4.1　煤质分析中常用的符号

1. 煤质分析项目符号

按照《煤质分析试验方法一般规定》（ GB/T 483—2007 ），水泥用煤分析试验项目的代表符号以国际上广泛采用的符号表示，属于化学元素分析项目采用化学元素符号表示，如表 4-4-1。

表 4-4-1　煤工业分析项目符号

水分	灰分	挥发分	硫分	发热量	罗加指数	黏结指数	胶质指数	碳	氢	氧	氮	二氧化碳
M	A	V	S	Q	$R..I$	G	Y	C	H	O	N	CO_2

对各分析试验项目的进一步划分，如指表明标存在形态或操作条件的符号，见表 4-4-2。符号组成规律是：采用相应的英文名词的第一个字母或缩略字标在有关符号的右下角。若分析试验项目的符号最后一个字母为小写并与所采用的基的符号混淆时，则用逗号分开，如干燥基全硫，以 St, d 表示。

常用的存在形态或操作条件的英文字母或缩略字标符号有：

外在或游离: f; 内在: Inh; 有机: o; 硫化铁: p; 硫酸盐: s; 恒容高位: gr, v; 恒容低位: net, v; 恒压低位: net, p; 全: t。

表 4-4-2 煤存在形态或操作条件分析项目

全水分	内在水分	外在水分	全硫分	有机硫	硫铁盐硫	硫酸盐硫	弹筒发热量	高位发热量	低位发热量
M_t	M_{inh}	M_f	S_t	S_o	S_p	S_s	Q_b	Q_{gr}	Q_{net}

2. 煤质分析结果的基准及符号

在煤质分析试验中,煤样基准的含义是表示分析结果是以什么状态的试样为基础得出的。由于不同状态下的试样所包括的基础物质不一样,所以就有不同的试样基础。如一个煤样的水分,经过空气干燥后的测试值比空气干燥前的测试值要小。所以,任何一个分析化验结果,必须标明其进行分析化验时煤样所处的状态。水泥用煤分析中常用的试样基准有以下五种,分别用括号中的英文表示:

(1)空气干燥基(ad):以煤中水分与空气中的湿度达到平衡(动态平衡)状态时的煤质分析结果为基准。煤样在空气中连续干燥 1 h 后,煤样质量的变化不超过 0.1%时,则认为达到了空气干燥基状态。

(2)收到基(ar):以收到状态时的煤质分析结果为基准。

(3)干燥基(d);以假想的无水状态时的煤质分析结果为基准。

(4)干燥无灰基(adf):以假想的无水无灰状态时的煤质分析结果为基准。

(5)干燥无矿物质基(dmmf):以假想的无水无矿物质的煤质分析结果为基准。

4.4.2 煤质分析常用基准的换算

不同基准的分析值可以互相换算,将有关的数值代入表 4-4-3 所列相应公式中求得换算系数,再乘以用已知基准表示的某一分析值,即可求得所要求的基准表示的分析值(低位发热量的换算例外)。

表 4-4-3 煤质分析有关基准的换算系数

已知基	所 求 基				
	空气干燥基(X_{ad})	收到基(X_{ar})	干燥基(X_d)	干燥无灰基(X_{daf})	干燥无矿物质基(dmmf)
空气干燥基(X_{ad})		$\dfrac{100-M_{ar}}{100-M_{ad}}$	$\dfrac{100}{100-M_{ad}}$	$\dfrac{100}{100-(M_{ad}+A_{ad})}$	$\dfrac{100}{100-(M_{ad}+MM_{ad})}$
收到基(X_{ar})	$\dfrac{100-M_{ad}}{100-M_{ar}}$		$\dfrac{100}{100-M_{ar}}$	$\dfrac{100}{100-(M_{ar}+A_{ar})}$	$\dfrac{100}{100-(M_{ar}+MM_{ar})}$
干燥基(X_d)	$\dfrac{100-M_{ad}}{100r}$	$\dfrac{100-M_{ar}}{100r}$		$\dfrac{100}{100-A_d}$	$\dfrac{100}{100-MM_d}$
干燥无灰基(X_{daf})	$\dfrac{100-(M_{ad}+A_{ad})}{100}$	$\dfrac{100-(M_{ar}+A_{ar})}{100}$	$\dfrac{100-A_d}{100}$		$\dfrac{100-A_d}{100-MM_d}$
干燥无矿物质基(dmmf)	$\dfrac{100-(M_{ad}+MM_{ad})}{100}$	$\dfrac{100-(M_{ar}+MM_{ar})}{100}$	$\dfrac{100-MM_d}{100}$	$\dfrac{100-MM_d}{100-A_d}$	

换算举例：

由空气干燥基（X_{ad}）结果换算成干燥基（X_d）结果：

$$X_d = \frac{X_{ad} \times 100\%}{100 - M_{ad}}$$

某一煤样的 $A_{ad} = 19.75\%$，$M_{ad} = 1.26\%$。按上述公式计算煤样的 A_d：

$$A_d = \frac{19.75 \times 100\%}{100 - 1.26} = 20.00\%$$

【例 4.1】　由空气干燥基（X_{ad}）结果换算成干燥无灰基（X_{daf}）结果：

$$X_{daf} = \frac{X_{ad} \times 100\%}{100 - (M_{ad} + A_{ad})}$$

某一煤样的 $V_{ad} = 7.20\%$，$M_{ad} = 1.26\%$，$A_d = 19.75\%$，则

$$V_{daf} = \frac{7.20 \times 100\%}{100 - (1.26 + 19.75)} = 9.12\%$$

4.4.3　煤的工业分析

煤的工业分析结果是了解煤质特性的主要指标，也是评价煤的基本依据。根据煤的工业分析结果，可初步判断煤的性质、种类和各种煤的加工利用效果及其工业用途。

1. 水分的测定

根据水在煤中存在形态的不同，分为游离水和化合水。游离水是以物理吸附的方式存在于煤中的；化合水是以化合方式同煤中的矿物质结合的水，也称为结晶水。化合水需在 200 ℃ 以上才能分解放出。煤的工业分析测定的水分是游离水（不包括结晶水），一般只测定全水分、应用煤水分和分析煤样水分。全水分是指进厂煤的水分；应用煤水分是指在生产过程中使用的煤的水分；分析煤样水分是进行煤工业分析时，所测定的空气干燥基煤样水分。测定时，对各种试样的粒度都有具体规定。

《煤的工业分析方法》（GB/T 212—2008）规定了三种煤中水分的测定方法。其中方法 A 适用于所有煤种；方法 B 仅适用于烟煤和无烟煤；另外，微波干燥法仅适用于褐煤和烟煤的快速测定。在仲裁分析中遇到有用空气干燥煤样水分进行基的换算时，应用方法 A 测定空气干燥煤样的水分。

（1）方法 A（通氮干燥法）。

① 方法提要。

称取一定量的空气干燥煤样，置于 105～110 ℃ 干燥箱中，在干燥氮气流中干燥到质量恒定，然后根据煤样的质量损失计算出水分的质量分数。

② 试剂。

氮气：纯度 99.9%，含氧量小于 100×10^{-6} m。

无水氯化钙（HGB 3208）：化学纯，粒状。变色硅胶：工业用品。

③ 仪器、设备。

小空间干燥箱：箱体严密，具有较小的自由空间，有气体进、出口，并带有自动控温装置，能使温度保持在 105～110 ℃。

玻璃称量瓶：直径 40 mm，高 25 mm，并带有严密的磨口盖。

干燥器：内装变色硅胶或粒状无水氯化钙。

干燥塔：容量 250 mL 内装干燥剂。

流量计：量程为 100～1000 mL·min^{-1}。

分析天平：感量 0.1 mg。

④ 分析步骤。

在预先干燥和称量过的称量瓶内称取粒度小于 0.2 mm 的一般试验煤样（1 g±0.1 g），精确至 0.000 2 g，平摊在称量瓶中。打开称量瓶盖，放入预先通入干燥氮气并已加热到 105～110 ℃ 的干燥箱中。烟煤干燥 1.5 h，褐煤和无烟煤干燥 2 h。在称量瓶放入干燥箱前 10 min 开始通气，氮气流量以每小时换气 15 次为准。从干燥箱中取出称量瓶，立即盖上盖，放入干燥器中冷却至室温（约 20 min）后称量。

进行检查性干燥，每次 30 min，直到连续两次干燥煤样质量的减少不超过 0.001 0 g 或质量增加时为止。在后一种情况下，要采用质量增加前一次的质量为计算依据。水分在 2.00% 以下时，不必进行检查性干燥。

（2）方法 B（空气干燥法）。

① 方法提要。

称取一定量的一般干燥煤样，置于 105～110 ℃ 鼓风干燥箱中，在空气流中干燥到质量恒定，然后根据煤样的质量损失计算出水分的质量分数。

② 仪器、设备。

干燥箱：带有自动控温装置，内装有鼓风机，并使温度保持在 105～110 ℃。

干燥器：内装变色硅胶或粒状无水氯化钙。

玻璃称量瓶：直径 40 mm，高 25 mm，并带有严密的磨口盖。

分析天平：感量 0.1 mg。

③ 分析步骤。

在预先干燥并称量过的称量瓶称取粒度小于 0.2 mm，一般干燥煤样 1 g±0.1 g，精确至 0.000 2 g，平摊在称量瓶中。

打开称量瓶盖，放入预先鼓风并已加热到 105～110 ℃ 的干燥箱中。在一直鼓风的条件下，烟煤干燥 1 h，无烟煤干燥 1～1.5 h。

注：预先鼓风是为了使温度均匀。将称好、装有煤样的称量瓶放入干燥箱前 3～5 min 就开始鼓风。

从干燥箱中取出称量瓶，立即盖上盖，放入干燥器中冷却至室温（约 20 min）后称量。

进行检查性干燥，每次 30 min，直到连续两次干燥煤样的质量减少不超过 0.001 0 g 或质量增加时为止。在后一种情况下，要采用质量增加前一次的质量为计算依据。水分在 2.00% 以下时，不必进行检查性干燥。

（3）分析结果的计算。

一般分析煤样的水分可用下式计算：

$$M_{ad} = \frac{m - m_1}{m} \times 100\%$$

式中　M_{ad} —— 般分析试样煤样水分的质量分数，%；

　　　m —— 干燥前试料的质量，g；

　　　m_1 —— 干燥后试料的质量，g。

取空气干燥煤样（回转窑取入窑煤粉，立窑可采用测定收到基煤样水分后留取的平均煤样，并破碎至 0.2 mm 以下）测定，所得的结果即为煤样的干燥基水分。

（4）全水分的测定。

取进厂煤，粒度破碎至 13 mm 以下，用已知质量的浅盘（用薄铁板或铝板制成，按大约 0.8 g·cm⁻² 煤样的比例，可容纳 500 g 煤样）称取 500 g（准确到 1g）煤样，并将其摊平。

将装有煤样的浅盘放入预先鼓风并加热到 105 ~ 110 ℃ 的干燥箱中，在不断鼓风的条件下烟煤干燥 2 ~ 2.5 h，无烟煤干燥 3 ~ 3.5 h[褐煤在（145 ± 5）℃ 干燥 1.5 h]。从干燥箱中取出浅盘，趁热称量。然后进行检查性试验，每次 0.5 h，直到煤样的减量不超过 1 g，或者质量增加为止。在后一种情况下，应采用增量前一次质量作为计算依据。

全水分（M_t）的质量分数按下式计算：

$$M_t = \frac{m - m_1}{m} \times 100\%$$

式中　m —— 干燥前试料的质量，g；

　　　m_1 —— 干燥后试料的质量，g。

（5）收到基煤样水分的测定。

取生产工艺过程中使用的煤样，粒度破碎至 6 mm 以下，用已知质量的浅盘（用薄铁板或铝板制成，按大约 0.8 g·cm⁻² 煤样的比例，可容纳 50 g 煤样）称取 50 g（准确到 0.1 g）煤样，并将其摊平，然后按全水分测定步骤操作。

收到基煤样水分（M_{ar}）的质量分数按下式计算：

$$M_{ar} = \frac{m - m_1}{m} \times 100\%$$

式中　m —— 干燥前试料的质量，g；

　　　m_1 —— 干燥后试料的质量，g。

2. 灰分的测定

（1）方法概述。

煤的灰分是指煤完全燃烧后，煤中矿物质在一定温度下，经分解、氧化、化合等一系列反应后所剩下的残渣。

GB/T 212—2008 规定了两种测定煤中灰分的方法，即缓慢灰化法和快速灰化法。缓慢灰化法为仲裁法；快速灰化法可作为例常分析方法。

缓慢灰化法是称取一定量的空气干燥煤样，放入马弗炉中，由 100 ℃ 以下将炉温缓慢升至约 500 ℃，并在此温度下保持 30 min。继续升到 815 ℃ ± 10 ℃，并在此温度下灰化并灼烧到质量恒定，以残留物的质量占煤样质量的百分数作为灰分产率。

快速灰化法包括方法 A 和方法 B。

方法 A 使用专用仪器快速灰分测定仪。该法将装有煤样的灰皿放在预先加热至 815 ℃ ± 10 ℃ 的灰分快速测定仪的传送带上，煤样自动送入仪器内完全灰化，然后送出，以残留物的质量占煤样质量的百分数作为灰分产率。

方法 B 则将装有煤样的灰皿由炉外逐渐送入预先加热至 815 ℃ ± 10 ℃ 的马弗炉中灰化并灼烧至质量恒定，以残留物的质量占煤样质量的百分数作为灰分产率。生产中常采用快速灰化法的方法 B。

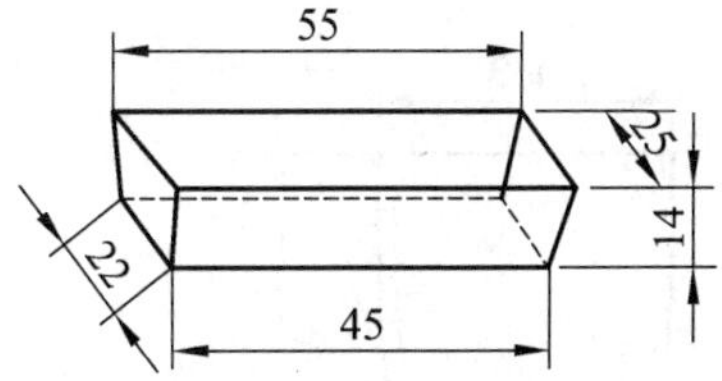

（2）分析步骤。

图 4-4-1　灰皿（单位：mm）

在已灼烧至恒量的灰皿（见图 4-4-1）中，称取粒度小于 0.2 mm 的空气干燥煤样 1 g ± 0.1 g，精确至 0.000 2 g（所用试样与测定空气干燥煤样水分相同），均匀地摊平在灰皿中，使其不超过 0.15 g·cm^{-2}。将盛有煤样的灰皿预先分排在耐热瓷板或石棉板上。打开已加热到 850 ℃ 的高温炉的炉门，将放有灰皿的瓷板或石棉板慢慢推入高温炉，待 5 ~ 15 min 后煤样不再冒烟时，慢慢将灰皿推至炉内高温区。在 815 ℃ ± 10 ℃ 的温度下，灼烧 40 min。从炉中取出灰皿，在空气中冷却 5 min 左右，移入干燥器中，冷却至室温后，称量。然后进行检查性灼烧，每次 20 min，直到两次灼烧质量变化不超过 0.001 0 g 为止，用最后一次灼烧质量为计算依据。灰分低于 15% 时，不必进行检查性灼烧。

（3）结果计算。

空气干燥煤样灰分（A_{ad}）按下式计算：

$$A_{ad} = \frac{m_1}{m} \times 100\%$$

式中　A_{ad} —— 空气干燥基灰分的质量分数，%；

　　　m_1 —— 灼烧后残渣的质量，g。

3. 挥发分的测定

（1）方法概述。

煤的挥发分是指煤样在隔绝空气的条件下，在 900 ℃ ± 10 ℃ 加热 7 min，并进行水分校正后的挥发物质。剩余的不挥发物质称为焦渣。挥发分主要由水分、碳氢化合物和碳氢的氧化物组成，但煤样中的吸附水和矿物质二氧化碳不属挥发分。

煤的挥发分测定是一项规范性很强的试验，其测定结果完全取决于人为规定的条件。试料的质量、焦化温度、加热速度和加热时间，以及试验所用的挥发分坩埚及坩埚托架等，其中任何一个条件均能在一定程度上影响挥发分产率。

（2）测定步骤。

在已预先在 900 ℃ 灼烧至恒量的挥发分坩埚（带盖瓷坩埚，见图 4-4-2）中称取粒度小于 0.2 mm 的空气干燥煤样（所用试样与测定空气干燥煤样水分相同）1 g ± 0.1 g，精确至 0.000 2 g。然后轻轻振动坩埚，使煤样摊平，盖上坩埚盖，放在坩埚架上（用镍铬丝制成，见图 4-4-3）。将高温炉加热至 920 ℃ 左右，打开炉门，迅速将摆好坩埚的托架送入高温炉的恒温区中，关好炉门，同时计时，准确加热 7 min。坩埚及托架刚放入后，炉温会有所下降，但必须在 3 min 内使炉温恢复至 900 ℃ ± 10 ℃，否则此试验作废。加热时间包括温度恢复时间在内。从炉中取出坩埚，放在空气中冷却 5 min 左右，然后移入干燥器中冷却至室温后（约 20 min），称量。

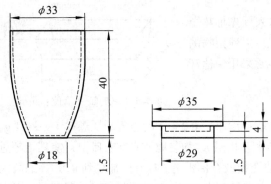
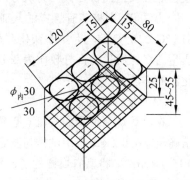

图 4-4-2　挥发分坩埚（右图为坩埚盖）　　　　　　图 4-4-3　坩埚架（单位：mm）

（3）结果计算。

空气干燥煤样中挥发分（V_{ad}）的质量分数按下式计算：

$$V_{ad} = \frac{m_1}{m} \times 100\% - M_{ad}$$

式中　V_{ad}——空气干燥基的挥发分质量分数，%；

　　　m_1——煤样加热后减少的质量，g；

　　　m——煤样试料的质量，g；

　　　M_{ad}——空气干燥煤样的水分质量分数，%。

（4）空气干燥基挥发分换算成干燥无灰基及干燥无矿物基挥发分。

干燥无灰基挥发分：

$$V_{adf} = \frac{V_{ad}}{100 - M_{ad} - A_{ad}} \times 100\%$$

当空气干燥煤样中碳酸盐二氧化碳的含量为 2% ~ 12%时，则

$$V_{adf} = \frac{V_{ad} - (CO_2)_{ad}}{100 - M_{ad} - A_{ad}} \times 100\%$$

当空气干燥煤样中碳酸盐二氧化碳的含量大于 12%时，则

$$V_{adf} = \frac{V_{ad} - [(CO_2)_{ad} - (CO_2)_{ad(焦渣)}]}{100 - M_{ad} - A_{ad}} \times 100\%$$

式中　V_{ad}——空气干燥煤样的挥发分质量分数，%；

　　　M_{ad}——空气干燥煤样的水分质量分数，%；

　　　$(CO_2)_{ad}$——空气干燥煤样中碳酸盐二氧化碳的质量分数，%；

　　　$(CO_2)_{ad(焦渣)}$——焦渣中二氧化碳换算为煤样试料中的质量分数，%。

4. 固定碳的计算

煤的固定碳，是指从测定煤样的挥发分后的残渣中减去灰分后的残留物。即煤中去掉水分、灰分、挥发分，剩下的就是固定碳。固定碳是煤的发热量的重要来源，为煤发热量计算的主要参数。

煤的固定碳含量是根据测定的水分、灰分和挥发分按下式计算得出：

$$FC_{ad} = 100 - (M_{ad} + A_{ad} + V_{ad})$$

式中　FC_{ad} —— 空气干燥煤样的固定碳质量分数，%；

　　　M_{ad} —— 空气干燥煤样水分质量分数，%；

　　　A_{ad} —— 空气干燥煤样灰分质量分数，%；

　　　V_{ad} —— 空气干燥煤样挥发分质量分数，%。

4.4.4　煤全硫的测定

1. 概　述

煤中全硫的测定方法主要有三种，即艾仕卡重量法、高温燃烧-中和法和库仑滴定法。其中艾仕卡重量法是《煤中总硫的测定》（GB/T 214—2007）规定的仲裁法。

艾仕卡重量法是使用艾士卡混合试剂（碳酸钠和氧化镁以质量比 1 + 2 的混合物）与煤样均匀混合，在高温、通风的条件下进行灼烧，使各种硫都转化成为可溶于水的硫酸钠和硫酸镁，然后以氯化钡溶液沉淀，沉淀为硫酸钡，灼烧后称量。

氧化过程反应式如下：

$$2Na_2CO_3 + 2SO_2 + O_2 = 2Na_2SO_4 + CO_2$$
$$2MgO + 2SO_2 + O_2 = 2MgSO_4$$

氧化镁的作用是防止碳酸钠在灼烧时因熔合而阻止空气流通。氧化镁熔点较高，能使半熔融物保持疏松状态，使空气易于透入，炭燃烧发出的气体易于逸出，从而保证煤粒燃烧完全，硫全部转化为 SO_2 并进一步被空气中的氧气氧化为硫酸盐。

在半熔完毕用水提取后，溶液中不得有黑色炭粒存在，否则试验作废。

2. 测定步骤

称取 1.00 g ± 0.01 g 粒度小于 0.2 mm 的空气干燥煤样（全硫含量超过 8%时称取 0.5 g），精确至 0.000 2 g 和 2 g 艾氏剂（称准至 0.01 g）于 30 mL；坩埚内，仔细混合均匀，再用 1 g 艾氏剂覆盖在试样上。

将装有煤样的坩埚放入通风良好的马弗炉中，在 1 ~ 2 h 内将马弗炉温度从室温逐渐升 800 ~ 850 ℃，并在该温度下加热 1 ~ 2 h。将坩埚从马弗炉中取出，冷却至室温，再将坩埚中的灼烧物用玻璃棒仔细搅拌捣碎（如发现未烧尽的黑色颗粒，应在 800 ~ 850 ℃ 下继续灼烧半小时）。然后将灼烧物转移到 400 mL 烧杯中，用热水冲洗坩埚内壁，将冲洗液加入烧杯中，再加入 100 ~ 150 mL 煮沸过的蒸馏水。如果此时发现尚有未烧尽的黑色煤粒漂浮在液面上，则本次测定作废。

将烧杯中的煮沸物用中速滤纸过滤，用热水仔细冲洗 10 次以上。保持洗液和滤液总体积 250 ~ 300 mL。向滤液中滴入 2 ~ 3 滴甲基橙指示剂，然后加(1 + 1)盐酸至中性，再过加入 2 mL。将溶液加热到微沸，在不断搅拌下，滴加 10 mL 氯化钡溶液（100 g · L⁻¹）。在微沸下保持 2 h，溶液最终体积约为 200 mL。溶液冷却或静止过夜后用慢速定量滤纸过滤，并用热水洗至无氯离子为止（用硝酸银检验）。

将沉淀连同滤纸移入已知质量的瓷坩埚中，先在低温下灰化滤纸，然后在温度 800 ~ 850 ℃ 的马弗炉中灼烧 20 ~ 40 min，取出坩埚稍冷后，放入干燥器中冷却至室温，称量。

每配制一批艾仕卡试剂或更换其他试剂，应进行 2 个以上空白试验（除不加煤样外，全部操作按前述步骤进行）。

3. 结果计算

空气干燥煤样中全硫的质量分数按下式计算：

$$S_{t,ad} = \frac{(m_1 - m_2) \times 0.137\,4}{m} \times 100\%$$

式中　$S_{t,ad}$ —— 空气干燥煤样中全硫的质量分数，%；

　　　m_1 —— 硫酸钡质量，g；

　　　m_2 —— 空白试验的硫酸钡质量，g；

　　　0.137 4 —— 由碳酸钡换算为硫的系数；

　　　m —— 试样干燥基的质量，g。

4.4.5　煤发热量的测定

煤的发热量，又称为煤的热值，即单位质量的煤完全燃烧所发出的热量。煤的发热量是评价煤的质量的重要指标，也是水泥生产配料配热量计算的主要依据。煤的发热量准确与否，直接关系到窑内热工稳定，如果煤的发热量测量不准确，必然导致用煤超标的后果。

煤的发热量可用量热计直接准确测定，通常是在氧弹热量计中测定的，也可以用简捷方法粗略算出。《煤的发热量测定方法》(GB/T 213—2008) 规定了氧弹量热法的试样条件、仪器设备、测定步骤、结果计算和适应煤样范围。

1. 热量的单位

焦耳是国际标准化组织(ISO)所采用的热量单位热量的单位，惯用的热量单位为卡(cal)。

1 J〔焦（耳）〕= 1 N · m（牛顿·米）。

1 cal (20 ℃) = 4.181 6 J。

发热量测定结果以 kJ · g⁻¹（千焦·克⁻¹）或 MJ · kg⁻¹（兆焦·千克⁻¹）表示。

2. 煤的发热量表示方法

（1）弹筒发热量（Q_b）。

　　煤的弹筒发热量，是单位质量的煤样在热量计的弹筒内，在过量高压氧中燃烧，燃烧产物为二氧化碳、硫酸、硝酸、呈液态的水和固态的灰后产生的热量（燃烧产物的最终温度规定为 25 ℃）。

　　由于煤样是在高压氧气的弹筒里燃烧的，因此发生了煤在空气中燃烧时不能进行的热化学反应。例如：煤中氮以及充氧气前弹筒内空气中的氮，在空气中燃烧时，一般呈气态氮逸出，而在弹筒中燃烧时却生成氮氧化合物。这些氮氧化合物溶于弹筒中的水生成硝酸。又如煤中可燃硫在空气中燃烧最终生成硫酸，这些反应都是放热反应。所以，煤的弹筒发热量要高于煤在空气中是实际产生的热量。此外，任何物质（包括煤）的燃烧热，随燃烧产物的最终温度而改变，温度越高，燃烧热越低。温度每升高 1 K，煤和苯甲酸的燃烧热降低 $0.4 \sim 1.3$ J·g^{-1}。为此，实际中要把弹筒发热量折算成符合煤在空气中燃烧的发热量。

　　（2）煤的恒容高位发热量（Q_{gr}）。

　　煤在工业装置的实际燃烧中，硫只生成二氧化硫，氮则成为游离氮，这是同氧弹中的情况不同的。由弹筒发热量减去硝酸的形成热和稀硫酸形成热校正热，得到的就是高位发热量。

　　（3）恒容低位发热量（Q_{net}）。

　　工业燃烧与氧弹中燃烧的另一个不同的条件是：在前一情况下全部水（包括燃烧生成的水和煤中原有的水）呈蒸汽状态随燃烧废气排出，在后一情况下水蒸气凝结成液体。由恒容高位发热量减掉水的蒸发热，得出的就是恒容低位发热量。

　　（4）恒压低位发热量。

　　由弹筒发热量算出的高位发热量和低位发热量都属恒容状态，在实际工业燃烧中则是恒压状态，严格地讲，工业计算中应使用恒压低位发热量。

3. 煤发热量测定的基本原理

　　煤的发热量是在氧弹热量计中测定的，取一定量的分析试样放于充有过量氧气的氧弹热量计中完全燃烧，氧弹热量计的热容量通过在相似条件下燃烧一定量的基准量热物来确定，根据试样点燃前后量热系统产生的温升，并对点火热等附加热进行校正即可求得试样的弹筒发热量。

　　从弹筒发热量中扣除硝酸形成热和硫酸校正热（硫酸与二氧化硫形成热之差）后即得高位发热量（由高位发热量减去水的汽化热后得到的发热量）。

4. 仪器设备

　　常用的热量计有恒温式和绝热式两种，它们的差别只在于外筒的控制系统不同，下面只介绍使用广泛的恒温热量计。

　　（1）量热计：主要由燃烧氧弹、内筒、外筒、搅拌器、水、温度传感器、温度测量和控制系统构成。

　　（2）主要附件：燃烧皿、压力表和导管、点火装置、压饼机、天平等。

5. 实验试剂和材料

　　包括氧气、苯甲酸、苯甲酸（标定热容量用）、氢氧化钠溶液、甲基红指示剂、点火丝（铂、铜、镍丝或其他用已知热值的金属丝或棉线）、石棉纸或石棉绒、擦镜纸等。

6. 恒温式热量计测定结果的计算

氧弹式热量计的操作步骤和结果结果计算过程烦琐复杂，可参看仪器说明书和《煤的发热量测定方法》（GB/T 213—2008）中有关内容。以下只给出恒温式热量计的有关算式。

（1）弹筒发热量。

弹筒发热量按下式计算：

$$Q_{b,ad} = \frac{EH[(t_n + h_n) - (t_0 + h_0) + C] - (q_1 + q_2)}{m}$$

式中　$Q_{b,ad}$ —— 空气干燥煤样的弹筒发热量，$J \cdot g^{-1}$；

E —— 热量计的热容量，$J \cdot K^{-1}$；

q_1 —— 点火热，J；

q_2 —— 添加物如包纸等产生的热量，J；

m —— 试样的重量，g；

H —— 贝克曼温度计校正后的平均分度值，使用数字显示温度计时 $H = 1$；

h_0 —— t_0 的毛细孔修正值，使用数字显示温度计时 $h_0 = 0$；

h_n —— t_n 的毛细孔修正值，使用数字显示温度计时 $h_n = 0$。

（2）高位发热量。

高位发热量按下式计算：

$$Q_{gr,ad} = Q_{b,ad} - (94.1 S_{b,ad} + \alpha Q_{b,ad})$$

式中　$Q_{gr,ad}$ —— 空气干燥煤样的高位发热量，$J \cdot g^{-1}$；

$Q_{b,ad}$ —— 空气干燥煤样的弹筒发热量，$J \cdot g^{-1}$；

$S_{b,ad}$ —— 由弹筒洗液测得的煤的含硫量（%），当全硫含量低于 4.00% 时或发热量大于 14.60 $MJ \cdot kg^{-1}$ 时，可用全硫或可燃硫代替 $S_{b,ad}$；

94.1 —— 空气干燥煤样中每 1.00% 硫的校正值，$J \cdot g^{-1}$；

α —— 硝酸形成热校正系数：当 $Q_b \leqslant 16.70$ $MJ \cdot kg^{-1}$，$\alpha = 0.001\ 0$；

当 $16.70 < Q_b \leqslant 25.10$ $MJ \cdot kg^{-1}$，$\alpha = 0.001\ 2$；当 $Q_b > 25.10$ $MJ \cdot kg^{-1}$，$\alpha = 0.001\ 6$。

在需要用弹筒洗液测定 $S_{b,ad}$ 的情况下，把洗液煮沸 2 ~ 3 min，取下稍冷后，以甲基红（或相应的混合指示剂）为指示剂，用氢氧化钠标准溶液滴定，以求出洗液中的总酸量，然后按下式计算出 $S_{b,ad}$（%）：

$$S_{b,ad} = (c \times V / m - \alpha Q_{b,ad} / 60) \times 1.6$$

式中　c —— 氢氧化钠溶液的物质的量浓度，约为 0.1 $mol \cdot L^{-1}$；

V —— 滴定用去的氢氧化钠溶液的体积，mL；

60 —— 相当于 1 mmoL 硝酸的生成热，$J \cdot mmol^{-1}$。

m —— 试样质量，g；

1.6 —— 将每毫摩尔硫酸（$1/2H_2SO_4$）转换为硫的质量分数的转换因子。

（3）恒容低位发热量。

工业上多依收到基煤进行计算和设计。收到基煤的恒容低位发热量的计算式为

$$Q_{net,v,ar} = (Q_{gr,v,ad} - 206H_{ad}) \times \frac{100 - M_t}{100 - M_{ad}} - 23M_t$$

式中　$Q_{net,v,ar}$ —— 收到基煤的恒容低位发热量，$J \cdot g^{-1}$；

　　　$Q_{gr,v,ad}$ —— 空气干燥基煤样的恒容高位发热量，$J \cdot g^{-1}$；

　　　M_t —— 收到基煤样的全水分，%；

　　　M_{ad} —— 空气干燥基煤样的水分，%；

　　　H_{ad} —— 空气干燥基煤样氢的质量分数，%；

　　　206 —— 对应于空气干燥基煤样中每1%氢的恒容汽化热校正值，$J \cdot g^{-1}$；

　　　23 —— 对应于收到基煤样中每1%氢的恒容汽化热校正值。

（4）恒压低位发热量。

由弹筒发热量算出的高位发热量和低位发热量都属恒容状态，在实际工业燃烧中则是恒压状态。严格地讲，工业计算中应使用恒压低位发热量，如有必要，煤的恒压低位发热量可按下式计算：

$$Q_{net,p,ar} = [Q_{gr,v,ad} - 212H_{ad} - 0.8(O_{ad} + N_{ad})] \times \frac{100 - M_t}{100 - M_{ad}} - 24.4M_t$$

式中　$Q_{net,p,ar}$ —— 收到基煤样的恒压低位发热量，$J \cdot g^{-1}$；

　　　O_{ad} —— 空气干燥基煤样中氧的质量分数，%；

　　　N_{ad} —— 空气干燥基煤样中氮的质量分数，%；

　　　212 —— 对应于空气干燥基煤样中每1%氢的恒压气化热校正值，$J \cdot g^{-1}$；

　　　0.8 —— 对应于空气干燥基煤样中每1%氧和氮的恒压气化热校正值，$J \cdot g^{-1}$；

　　　24.4 —— 对应于收到基煤样中每1%水分的恒压气化热校正值，$J \cdot g^{-1}$；

　　　其余符号意义同前。

（5）各种不同基的煤的发热量换算。

各种不同基的煤的高位发热量按下列公式互换计算：

$$Q_{gr,ar} = Q_{gr,ad} \times \frac{100 - M_t}{100 - M_{ad}}$$

$$Q_{gr,d} = Q_{gr,ad} \times \frac{100}{100 - M_{ad}}$$

$$Q_{gr,daf} = Q_{gr,ad} \times \frac{100}{100 - M_{ad} - A_{ad}}$$

式中　Q_{gr} —— 弹筒高位发热量，$J \cdot g^{-1}$；

　　　A_{ad} —— 空气干燥基煤样灰分的质量分数，%；

　　　ar, ad, d, daf —— 收到基，空气干燥基，干燥基和干燥无灰基；

　　　其余符号意义同前。

7. 自动量热仪的应用

煤的热值测定过程烦琐费时，工作量大，为了加快了分析速度，水泥生产企业已经采用计算机控制的自动量热仪进行煤发热量的测定。

自动量热仪一般是根据煤的发热量测定标准设计的。近年来仪器结构和配套软件有很大改进，测试精度和准确度都符合要求。

自动量热仪的一般操作步骤如下：

（1）按仪器说明书要求检查仪器和附属设备，包括电路、氧气瓶、气压计、坩埚等以及煤样是否齐全、合格。

（2）打开自动量热仪及其控制计算机电源。

（3）打开自动量热仪的操作控制软件，调节温度平衡，在系统设置内设置实验显示的参数。

（4）在燃烧皿中精确称量分析煤样，粒度小于 0.2 mm，1 g ± 0.1 g（称准到 0.000 2 g）。

（5）取固定质量的点火丝，把两端分别接在氧弹上盖的两个电极柱上；再把盛有试样的燃烧皿放在支架上，调节下垂的点火丝与试样接触或保持微小距离。注意：勿使点火丝接触燃烧皿，以免短路。

（6）往氧弹中加入 10 mL 蒸馏水，以溶解氮和硫所形成的硝酸和硫酸，小心拧紧弹盖。

（7）接上氧气导管，往氧弹中缓缓地充入氧气，直到压力达到 2.8 ~ 3.0 MPa。充氧时间不得少于 30 s。

（8）把氧弹小心地放入内筒中（检查氧弹的气密性，如氧弹中无气泡漏出，则表明气密性良好；如有气泡出现，则表示氧弹漏气，应找出原因，加以纠正，重新充氧），关闭自动量热仪上盖。

（9）在软件控制窗口输入试样质量，自动开始实验，记录实验结果，计算发热量。

（10）实验结束输入试样的全水分、分析试样的水分、氢元素、硫元素的百分含量，复算高位发热量和低位发热量，存储并打印输出实验结果。

（11）取出氧弹放出废气，清理实验物品，实验台摆放整齐。关闭仪器，结束实验。

第 5 章　X 射线荧光光谱分析法简介

5.1　X 射线荧光光谱分析的原理

　　X 射线荧光分析法（X-RayFluorescence，XRF）利用一级 X 射线或其他射线激发待测物质中的原子，使之产生荧光（次级 X 射线）而进行物质成分分析和化学态研究的方法。

　　X 射线是一种短波长（$0.005 \sim 10$ nm）、高能量（$2.5 \times 10^5 \sim 1.2 \times 10^{12}$ eV）的电磁波。它是原子内层电子在高速运动电子流冲击下，产生跃迁而发射的电磁辐射。当试样受到 X 射线照射时，由于高能粒子或光子与试样原子碰撞，将原子内层电子逐出形成空穴，使原子处于激发态，这种激发态离子寿命很短，当外层电子向内层空穴跃迁时，多余的能量即以 X 射线的形式放出，并在外层产生新的空穴和产生新的 X 射线发射（见图 5-1-1），这样便产生一系列的特征 X 射线。

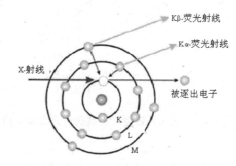

图 5-1-1　X 射线激发荧光射线示意图

　　入射的 X 射线具有相对大的能量，该能量可以轰击出元素原子内层中的电子。K 层空缺时，电子由 L 层跃迁入 K 层，辐射出的特征 X 射线称为 K_α 线，从 M 层跃迁入 K 层，辐射出的特征 X 射线称为 K_β 线，K_α 线、K_β 线及其他由外电子层跃入 K 层辐射的射线称为 K 系射线。

　　同理，当电子由外层跃入 L 层时辐射出对应 L_α、L_β 等特征的 L 系 X 射线。荧光光谱法多采用 K 系和 L 系荧光，其他线系较少采用。

　　莫斯莱（H.G.Moseley）发现，荧光 X 射线的波长 λ 与元素的原子序数 Z 有关，其数学关系如下：

$$\lambda = K(Z - S)^{-2}$$

这就是莫斯莱定律，式中 K 和 S 是常数，因此，只要测出荧光 X 射线的波长，就可以知道元素的种类，这就是荧光 X 射线定性分析的基础。此外，荧光 X 射线的强度与相应元素的含量有一定的关系，据此，可以进行元素定量分析。

5.2　X 射线荧光光谱仪

　　X 射线荧光光谱仪主要由激发、色散、探测、记录及数据处理等单元组成。按其分光原理和探测方法的不同可分为波长色散型（WDXRF）和能量色散型（EDXRF）两类。

5.2.1　波长色散型荧光光谱仪

波长色散型荧光光谱仪器的结构如图 5-2-1 所示，仪器使用 X 光管为 X 射线源，它产生的一次 X 射线轰击样品表面，使样品激发出二次 X 射线。二次 X 射线经平行光管（准直器）变成一束平行光以后投射到与平行光束呈夹角 θ 的分光晶体晶面上。射线在分光晶体面上的出射角与平行光束的夹角为 2θ。根据布拉格（Bragg）定律，当晶面距离为 d、入射和反射 X 射线波长为 λ 时，相邻两个晶面反射出的两个波，其光程差为 $2d\sin\theta$（见图 5-2-2）；当该光程差为 X 射线的整数倍时，反射出的 X 射线相位一致，强度增强；为其他值时，强度互相抵消而减弱。所以只有满足 $2d\sin\theta = n\lambda$（n 为整数）时，在出射角 θ 方向产生衍射。

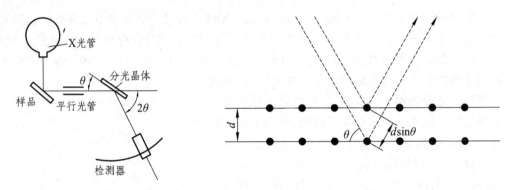

图 5-2-1　波长色散型 X 射线荧光光谱仪结构示意
图

图 5-2-2　布拉格衍射示意图

在分析过程中通过晶体旋转机构可使分光晶体转动，连续改变 θ 角，使各元素不同波长的 X 射线按布拉格定律分别发生衍射而分开，用记录仪将顺次出现的谱线自动记录下来可以得到荧光光谱，图 5-2-3 所示为黄铜的 X 射线荧光光谱图。θ 的变化会使反射光的波长随之

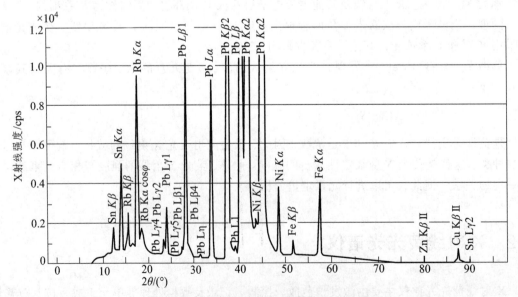

图 5-2-3　波长色散型 X 射线荧光光谱图

变化，故 2θ 的具体值是定性分析的依据。这种变化波长的反射线投射到与分光晶体联动的检测器上，检测器便输出一个与平面分光晶体反射线强度成比例的信号，这是定量分析的依据。常用的检测器有正比计数器（封闭式或流气式）、闪烁计数器和固体计数器等。

5.2.2　能量色散型荧光光谱仪

能量色散型光谱仪的结构如图 5-2-4 所示，X 射线管产生的一级 X 射线照射到样品上，所产生的特征 X 射线（荧光）直接进入 Si（或 Li）检测器，检测器将感应到的 X 射线转换为与光子能量成正比的脉冲电信号，电信号经放大后由多道脉冲分析器进行分析，计算机有关软件处理后将电信号转换成为能量谱图信息。通过对谱图分析可识别其能量（每种元素的特征 X 射线都具有特定的能量），进而识别出被测样品中含有哪些元素。而具有某种能量的 X 射线强度的大小，与被测样品中能发射该能量的荧光 X 射线的元素含量多少有直接联系，测量这些谱线的强度，并进行相应的数据处理和计算，就可以得出被测样品中各种元素的含量。图 5-2-5 为一典型的能量色散型 X 射线荧光光谱图，谱图横坐标为光子能量（keV），纵坐标为由检测器检出的表示荧光强度的计数值。

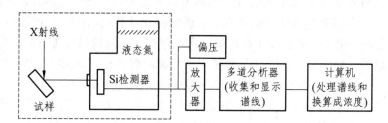

图 5-2-4　能量色散型 X 射线荧光光谱仪结构示意图

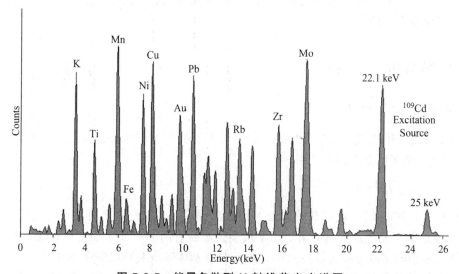

图 5-2-5　能量色散型 X 射线荧光光谱图

波长色散型和能量色散 X 射线荧光能谱仪各有优缺点。前者分辨率高，对轻、重元素测定的适应性广，对高低含量的元素测定灵敏度均能满足要求。后者没有复杂的分光系统，结构简单。X 射线激发源可用 X 射线发生器，也可用放射性同位素，探测灵敏度高，可以对能量范围很宽的 X 射线同时进行定性分析和定量测定。

5.3　X 射线荧光光谱分析方法

5.3.1　定性分析

由莫斯莱定律和布拉格定律可得 X 射线荧光光谱定性分析的理论基础：

$$2\theta = 2\arcsin\frac{1}{2dK(Z-S)}$$

此式表明了出射角的大小是与激发荧光的元素的原子序数有关。不同元素的荧光 X 射线具有各自的特定波长，而且几乎与化合状态无关。对于一定晶面间距的晶体，由检测器转动的 2θ 角可以求出 X 射线的波长 λ，从而确定元素成分。

进行定性分析先要设定 X 射线荧光仪的激发、分光和测量条件，然后对试样进行分析测试，记录谱图。测定结果多由计算机处理，谱图储存于计算机内。一般可以由计算机自动识别谱线，给出定性结果。但是如果元素含量过低或存在元素间的谱线干扰时，仍需人工鉴别，即对谱图进行解析。解析时，首先识别出 X 射线管靶材的特征 X 射线和强峰的伴随线，然后根据 2θ 角标注剩余谱线，图 5-2-3 是黄铜定性分析的解析结果。目前，除轻元素外，绝大多数元素的 X 射线都已精确确定，且已汇编成表册（2θ-谱线表），供实际分析时查用。例如，以 LiF（200）作为分光晶体时，在 $2\theta = 44.59°$ 处出现一强峰，从 2θ-谱线表上查出此谱线为 Ir-K$_\alpha$，由此初步判断试样中有 Ir 存在。在分析未知谱线时，要同时考虑到样品的来源，性质等因素，以便综合判断。

5.3.2　定量分析

1. 定量分析的原理

X 射线荧光光谱法进行定量分析的依据是元素的荧光 X 射线强度 I_i 与试样中该元素的含量 W_i 成正比，两者间存在线性关系，即

$$I_i = I_s W_i$$

式中，I_s 为 $W_i = 100\%$ 时，该元素的荧光 X 射线的强度。根据此式，可以进行定量分析。

影响 X 射线荧光光谱定量分析的因素很多，主要有两个：基体效应和谱线干扰。

基体元素指的是待分析元素以外的其他元素，基体效应是样品的基本化学组成和物理化学状态的变化对 X 射线荧光强度所造成的影响。化学组成的变化会影响样品对一次 X 射线和 X 射线荧光的吸收，也会改变荧光增强效应。例如，在测定不锈钢中 Fe 和 Ni 等元素时，由于一次 X 射线的激发会产生 NiK$_\alpha$ 荧光 X 射线，NiK$_\alpha$ 在样品中可能被 Fe 吸收，使 Fe 激发产生 FeK$_\alpha$。测定 Ni 时，因为 Fe 的吸收效应使结果偏低；测定 Fe 时，由于荧光增强效应使结

果偏高。另外，由于样品物理特征如样品的表面结构、颗粒度、密度等因素的影响，也会对结果产生影响，

谱线干扰是由于非测定的谱线引起的干扰，虽然 X 射线荧光光谱比较简单，绝大部分是单独的谱线，但在一个复杂的样品中谱线干扰仍是不可忽视的，有时甚至造成严重的干扰。这种干扰严重影响 X 射线强度的测定，对定量分析带来一定的困难。

2. 定量方法

（1）校准曲线法。

这是应用最广泛的一种方法。该法是先用人工配制与测定样品组成类似的多个标样，然后用光谱仪测定各个试样，据其含量和测得的 X 射线荧光强度的关系预先作好校正曲线。先测定未知样品的 X 射线荧光强度，再使用校正曲线来确定含量。校正曲线法比较简单，但当试样组成复杂或变化较大时，很难制得与试样组成相似的标样。基体效应会使测定结果产生较大的误差。

（2）标准添加法。

这种方法的具体步骤是：称取一份质量一定的试样 X 加入一定量的纯分析元素，使试样中分析元素的浓度 C 产生 $\pm \Delta C$ 的变化，即从 C_X 变化到 $C_{X \pm \Delta x}$，然后测量处理前后试样的分折线强度 I_X 和 $I_{X \pm \Delta X}$，于是

$$\frac{I_X}{I_{X \pm \Delta x}} = \frac{C_X}{C_{X \pm \Delta x}}$$

上式可改写为

$$\frac{I_X}{I_{X \pm \Delta x} - I_X} = \frac{C_X}{C_{X \pm \Delta x} - C_X} \approx \frac{C_X}{C_{\Delta x}}$$

可得

$$C_X \approx \frac{I_X}{I_{X \pm \Delta x} - I_X} \cdot C_{\Delta x}$$

式中，$C_{\Delta x}$ 表示加入的分析元素在新试样中所占的浓度。在这种方法中，加入的纯分析元素的量要足够少，并假设分析线强度与元素的浓度成正比。该法一般限制在较低含量范围（通常为百分之几）内应用，当含量较高时，有时可作二次增量，以检查校正曲线是否仍保持线性关系。此法特别适用于复杂基体中单一元素的测定。

（3）内标法。

在所有标样和试样中加入一定量的内标元素 B，分别测定标样和试样中分析元素 A 和内标元素 B 的分析线（称为分析线对）强度 I_A 和 I_B，根据测定标样得到的数据作出 $I_A/I_B - C_A$ 的校准曲线。再由试样测定值求得试样强度比，在校准曲线上找出分析元素的浓度。

此法可降低基体效应，但内标元素一定要选择好。内标元素的选择应具备以下条件：

① 原始样品中不能有加入的内标元素。

② 内标元素必须与分析线波长接近，使色散发生在同一反射级上。

③ 必须考虑样品组分对分析元素和对内标及基体元素之间可能发生的吸收和增强效应。

④ 分析线对应尽量选择在不受化学态影响而由最内部能级激发后产生的谱线。

5.3.3　制样方法的选择

X 射线荧光光谱定量分析是一种相对分析方法，需要有相应的标准样品作为测量基准。要求将标样和被测试样制备成相似的，可以重现的状态。因此，制样方法的选择是 X 射线荧光光谱分析仪应用的关键，标准样品与待测试样应经过同样的制样处理，制成物理性质和化学组成相似的、表面平整均匀、有足够代表性的形式。进行 X 射线荧光光谱分析的样品一般有固体样品、粉末样品和液体样品等，测定时对不同的物料要选择适宜的制样方法。

X 射线荧光光谱最常用的制样方法有两种：粉末压片法和熔融法。熔融法是应用较多的一种制样方法，因为它能较好地消除粉末样品中颗粒度效应和矿物基体效应影响所带来的分析误差，其分析精度可与手工滴定经典化学分析方法相媲美。在熔融制样中采用的增涡是由95%的铂金和 5%的黄金制成。熔融设备最好采用自动熔片机，因为整个熔样制样过程都是由设定的程序自动完成的，人为因素少，样片的重复性好；如采用高温炉制样，分析人员劳动强度大，过程烦琐，而且温度及时间不易掌握好，因此样片的重复性较差。熔融法虽然分析精度较高，是制样方法的首选方法，但它也存在着一些显著的缺点：一是因样品被大量熔剂稀释和吸收，使微量元素的测定准确度降低；二是样品要经过高温熔融，一些挥发性元素较难测准；三是制样过程相对复杂，耗时较长；四是由于要使用大量的熔剂，因此成本较高。而粉末压片法简单、快速、经济，但样品受矿物基体效应和颗粒度影响对测定结果会带来较大的误差，其分析精度远远差于熔融法；尤其是在原材料不稳定波动较大时，常会出现误导生产的现象。

对于水泥行业来说，在选择制样方法时主要要考虑的因素有两个：一是要求达到的分析精度；二是原材料的品质及波动情况。如果要求较高的分析精度，就要选择熔融法制样；反之，可选用简单、经济的粉末压片法。如果原材料比较稳定，品质没有大的波动，选用粉末压片法就可以满足生产的要求，否则最好选用熔融法。一般情况下，原材料中的铁矿石由于铁的存在状态比较复杂，如果选用压片法，其分析结果受矿物基体效应影响很大，所以分析铁矿石时应采用熔融法制样。对于分析熟料而言，由于其矿物组成及存在状态受煅烧、冷却条件影响很大，所以为了保证准确的分析结果最好也采用熔融法。对于分析其他原材料以及钾、钠、硫等高温易挥发的元素，采用压片法就可以满足要求。另外，针对这两种制样方法的优缺点，可以采用粉末压片法作为日常生产控制，而用熔融法进行荧光仪曲线校对，这样既可保证样品分析的准确度，又快捷、经济。

5.4　X 射线荧光光谱法的特点与应用

X 射线荧光光谱法具有以下特点：

（1）X 射线的特征谱线来自原子内层电子的跃迁，谱线数目较光学光谱的少，一般来说又与元素的化学状态无关，故分析简便。

（2）不破坏样品，试样形状可多样性（固块、粉粒或液体），一般情况下，样品制备简单。测定元素范围广，可对从铍到铀之间的元素进行定性、半定量及定量分析。

（3）分析浓度范围广，自常量至恒量浓度均可分析。

（4）自动化程度高，在安装了多通道的情况下，可同时快速分析多个元素，且数分钟内即可直接得出元素定量分析的结果。

（5）测定精度高，重现性好。

（6）使用方法灵活，可用于室内或野外分析，也可用于生产直接在线分析。

由于以上特点，X 射线荧光光谱分析不仅已广泛应用于地质、冶金、矿山、建筑材料、电子机械、石油、化工、航空航天材料、农业、生态环境、商检等各个领域的物质材料的化学成分分析，而且在某些行业实现了生产工艺过程各个阶段中间产品的现场监测与控制，及时给出工艺过程的有关信息，实现了现场指导，随时调整生产过程的有关因素，从而保证产品的质量并提高其产量。

但存在的问题及局限性如下：

（1）由于 XRF 分析法是一种相对分析方法，故对标样的要求严格。

（2）分析轻元素的困难较多。

（3）分析结果受样品的表面物理状况、组成一致性等影响较大，故对每种制样方法要求都很严格。

（4）仪器价格昂贵，且对安装条件要求很高，并要防止辐射危害。

近年来，X 射线荧光光谱法在水泥行业得到应用迅速发展，已成为应用最广泛、最高效的一种分析手段。X 射线荧光仪可以分析水泥行业的几乎所有原材料、半成品、产品等，分析元素有钙、硅、铝、铁、镁、钾、钠、硫、氯、铬等微量元素。另外，通过公式进行换算，还可以测定水泥中的混合材掺加量及原煤中的灰分等。

水泥生产的连续性对分析的时间、准确性、重复性都提出了较高的要求。传统化学分析法分析时间较长、劳动强度大，结果可能因人而异。而 X 射线荧光光谱分析从制样到分析，都实现了自动或半自动化，一般不超过 10 min，分析结果精确，重复性好，而且仪器可以与执行机构联机，形成闭环在线控制系统，其分析线强度只与试样的含量有关，与试样的厚度（即样品量）无关。因此，某些分析试样只需控制一个粗略数量即可，无需精确称量；甚至无需另外采样，直接进行现场分析。在大型水泥生产企业的质量控制中已成为不可缺少的设备。

第6章 水泥的物理性能检测

水泥物理检测是研究水泥性能、保证水泥质量的必要手段，也是贯彻执行水泥国家标准、保证基建质量的重要措施。水泥的物理检验主要包括：水泥的细度检验，安定性试验，水泥密度测定，水泥容积密度测定，稠度、流动动度、凝结时间测定，比表面测定、不同龄期的抗折强度和抗压强度检验。

6.1 水泥密度的测定

水泥的密度是指物料在没有空隙的状态下的单位体积的质量，以 $g \cdot cm^{-3}$ 表示。水泥的密度对于某些特殊工程是很重要的物理性质之一；另外，在测定水泥的比表面积、颗粒级配等物理性质时，必须先测定水泥的密度。

采用标准：GB/T 2118—94。

1. 测定原理

将水泥倒入一定量液体介质的李氏瓶（见图 6-1-1）内，并使液体介质充分地浸透水泥颗粒。根据阿基米德定律，水泥的体积等于它所排开的液体体积，从而算出水泥单位体积的质量，即为它的密度。为使测定的水泥不产生水化反应，液体介质采用无水煤油。

李氏瓶是测定水泥密度的一种简单、古老的专用仪器，世界各国基本采用相同的结构尺寸。这次标准修订时，按美国《水硬性水泥密度标准试验方法》（ASTM C188—89）中对李氏瓶的规定，对李氏瓶的材料、刻度、容量等均提出了要求，其透明度、热稳定性、耐碎性均要达到 ASTM 的要求。

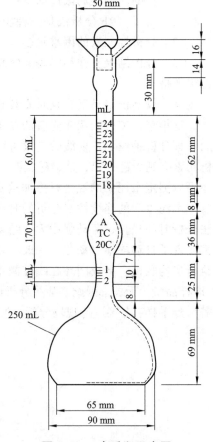

图 6-1-1 李氏瓶示意图

2. 操作方法

（1）将无水煤油注到 A 李氏瓶中至 0 到 1 mL 刻度线后（以弯月面下部为准），盖上瓶塞放入恒温水槽内，使刻度部分进入水中（水温应控制在李氏瓶刻度要求的温度），恒温 30 min，记下初始（第一次）读数。

（2）从恒温水槽中取出李氏瓶，用滤纸将李氏瓶细长颈内没有煤油的部分仔细擦干净。

（3）水泥试样应预先通过 0.90 mm 方孔筛，在 110 ℃ ± 5 ℃ 温度下干燥 1 h，并在干燥器内冷却至室温。称取水泥 60 g，精确至 0.01 g。

（4）用小勺将水泥样品一点点装入步骤（1）的李氏瓶中，反复摇动（也可用超声波震动），至没有气泡排出，再次将李氏瓶静置于恒温水槽中，恒温 30 min，记下第二次读数。

（5）初始读数和第二次读数，恒温水槽的温度差不大于 0.2 ℃。

3. 结果计算

（1）水泥体积应为第二次读数减去初始读数，即水泥所排开的无水煤油的体积（mL）。

（2）水泥的密度按下式计算：

$$水泥密度（\rho）= 水泥质量（g）/排开的体积（cm^3）$$

（3）结果计算到小数第三位，且取整数到 0.01 g·cm^{-3}，试验结果取两次测定结果的算数平均值，两次测定结果之差不得超过 0.02 g·cm^{-3}。

6.2　水泥细度测定方法

细度是指物料颗粒粗细的程度。水泥细度是工厂用来控制水泥质量的重要指标之一，水泥细度影响水泥的凝结硬化程度、强度、需水性等一系列性能，因此细度是水泥的重要物理性质之一。

水泥细度通常有三种表示方法：筛余百分数、比表面积和颗粒级配。通常采用前两种方法。采用标准 GB/T 1345—2005。

6.2.1　负压筛析法

负压筛析仪由筛分装置、控制仪、旋风收尘器、工业吸尘器四部分组成，如图 6-2-1 所示。采用负压筛析仪，通过负压源产生的恒定气流，在规定时间内使试验筛内的水泥通过筛分。

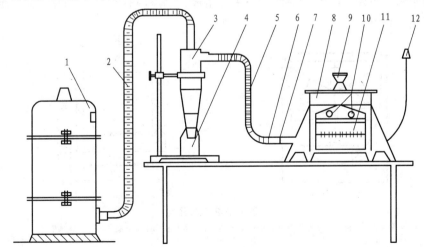

图 6-2-1　负压筛析仪结构

1—工业吸尘器；2—塑料软管 3-旋风收尘器；4—收集容器；5—塑料软管；6—抽风口；7—风门；
8—负压筛；9—筛盖；10—控制仪；11—真空压力表；12—电源插头

1. 负压筛的工作原理

负压筛析仪工作时，整个系统保持负压状态。筛网里的粉末物料在旋转的喷气嘴喷出的气流作用下呈流态化，并随气流一起转动，其中粒径小于筛网孔径的细颗粒由气流带动通过筛网被抽走。而粒径大于筛网孔径的粗颗粒则留在筛网上，从而达到筛分的目的。在系统中联用一只小型旋风收尘器，则可以把通过筛网的细颗粒从气流中分离、收集下来，从而减少收尘器的清灰次数。停机后将筛网上的筛余物收集、称量。

2. 使用操作方法

（1）准备工作。

① 做筛分测试时，先将筛析仪、旋风收尘器和工业用吸尘器连接好。

② 将软管一端插入吸尘器的吸口，另一端与收尘器上端排气管连接。收尘器的进气口用软管与筛析仪抽气口连接。

③ 将吸尘器和筛析仪的电源插头分别插入 220 V 电源插座内。

（2）操作过程。

① 水泥样品应充分拌匀，通过 0.9 mm 方孔筛，记录筛余物情况。要防止过筛时混进其他水泥。

② 筛析试验前，应把负压筛放在筛座上，盖上筛盖，接通电源，检查控制系统，调节负压至 4 000 ~ 6 000 Pa。

③ 称取试样 25 g（80 μm 筛析试验称 25 g，45 μm 筛析试验称 10 g，均精确至 0.01 g），置于洁净的负压筛中，盖上筛盖，开动筛析仪连续筛析 2 min。在此期间如有试样附在筛盖上，可轻轻敲击，使试样落下。筛毕，用天平（最大称量 100 g，分度值不大于 0.05 g）称量筛余物。

当工作负压小于 4 000 Pa 时，应清理吸尘器内水泥，使负压恢复正常。

6.2.2　水筛法

1. 仪器结构

水筛由水筛（见图 6-2-2）、筛座和喷头等组成，筛座内有座框、双嘴漏斗、旋转轴、水轮叶片、支座等构件。

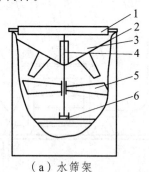
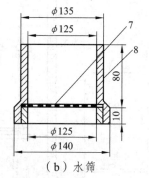

（a）水筛架　　　　　　　　　　（b）水筛

图 6-2-2　水筛

1—筛座；2—座框；3—双嘴漏斗；4—旋转轴；5—水轮叶片；6—支架；7—筛网；8—筛框

2. 工作原理

置一定质量的水泥于筛中，用水喷头分散水流冲洗，筛子在一定压力的水流的冲洗下转动，旋转轴下端的叶片也随之转动，以促使水流和水泥中筛下物更快透筛。一定时间水泥筛分已经完全后，根据筛余物质量和试样质量求出水泥筛余量。

3．使用操作方法

（1）筛试验前应检查水中有无泥沙，调整好水压及水筛架的位置，使其能正常运转。喷头底面和筛网之间距离为 35～75 mm。

（2）称取试样 25 g，精确至 0.01 g，置于洁净的水筛中。立即用淡水冲洗至大部分细粉通过后，放在水筛架上，用水压为 0.05 MPa±0.02 MPa 的水冲洗筛子。喷出的水不要垂直喷到筛网上，而要倾斜成一定角度，一部分水喷到筛框上一部分喷到筛网上，使转速约 50 r·min^{-1}。连续冲洗 3 min。筛毕，用少量水把筛余物冲至烘样盘中，等试样颗粒全部沉淀后，小心倒出清水，烘干，用天平称量筛余物。再称试样 25 g，按上述方法重测一次，筛余取两次结果的平均数。

6.2.3　手动筛析法

在没有负压筛析仪和水筛的情况下，允许用手工筛析法测定。

筛子由筛框和筛网组成。筛框的有效直径为 150 mm，高 50 mm。由不锈钢板制成，采用方孔边长 0.080 mm 的铜丝网筛布，筛布应紧绷在筛框上，接缝必须严密。有时筛子会加筛盖和筛底，筛盖和筛底均由不锈钢制成。

1．工作原理

置于筛中一定质量的水泥，借助于机械振动或人工拍打，使细粉通过筛网，直至筛分完成，根据筛余物质量和试样质量求出水泥筛余量。

2．手动干筛操作方法

（1）将水泥试样充分拌匀，手动振动通过 0.9 mm 方孔筛，将试样烘干。

（2）取烘一下试样 50 g，精确到 0.01 g，倒入筛内。

（3）用人工或机械筛动，将近筛完时，必须一手执筛往复摇动，一手拍打，摇动速度 120 次·min^{-1}。筛子每振打 40 次，应向一定方向转 60°，使试样分散在筛布上，直至每分钟通过不超过 0.03 g 时为止。称量筛余物，称准至 0.01 g。

6.2.4　试验筛的清洗

试验筛必须经常保持洁净、筛孔通畅，使用 10 次后要进行清洗。金属框筛、铜丝网筛清洗时应用专门的清洗剂。如筛孔被水泥堵塞影响筛余量时，不可用弱酸浸泡，应用毛刷轻轻地刷洗，用淡水冲净、晾干。

6.2.5　水泥试样筛余百分数计算方法

1. 水泥试样筛余百分数的计算

试样筛余百分数按下式计算:

$$F = \frac{R_t}{W} \times 100\%$$

式中　F —— 试样的筛余百分数,%;

　　　R_t —— 试样筛余物的质量,g;

　　　W —— 试样的质量,g。

试验结果计算精确至 0.1%。

2. 筛余结果的修正

（1）试验筛修正系数的测定。

将标准样（一种已知标准筛余百分比的试样）按照前述操作步骤测定标准试样在试验筛上的筛余百分比。连续测定两个试样,取两次测定的平均值为终值,但当两个试样的结果相差大于 0.3%时,应取第三个样品进行试验,并取接近的两个结果的平均值。修正系数按下式计算:

$$C = F_S/F_1$$

式中　C —— 试验筛修正系数;

　　　F_S —— 标准样品的筛余标准值,%;

　　　F_1 —— 标准样品在试验筛的筛余值,%。

（2）水泥试样筛余百分数结果按下式计算:

$$F_c = C \times F$$

式中　F_c —— 水泥试样修正后的筛余百分比,%

　　　C —— 试验筛修正系数;

　　　F —— 水泥试样修正前的筛余百分比,%。

6.3　水泥比表面积测定方法

筛余量只表示大于某一尺寸颗粒的质量百分比,对小于该尺寸的情况就表示不出来。比表面积是单位质量颗粒所具有的总面积。同一质量的颗粒,比表面积越大含颗粒的数目越多。比表面积主要反映细颗粒的含量。比表面积的测定方法有勃氏透气法,低压透气法和动态吸附法。其中勃氏透气法是标准方法。该方法适合于测定水泥或类似的其他各种粉状物料的比表面积,不适用于测定多孔材料及超细粉状物料。

采用标准：GB/T 8074—2008。

6.3.1　仪器结构

图 6-3-1 是勃氏（Blaine）透气仪结构示意图，主要组件有圆筒、活塞、U 形气压计等。另外，测量时需要压力计液体、圆片滤纸、秒表、分析天平和烘干箱等。透气仪应符合 JC/T 956 —2005 标准要求。

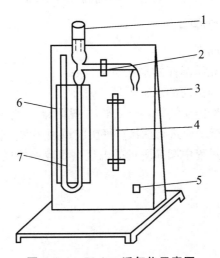

图 6-3-1　Blaine 透气仪示意图

1—透气圆筒；2—活塞；3—接电磁泵；4—温度计；5—开关；6—平面镜；7—U 形压力计

6.3.2　工作原理

水泥比表面积是指单位质量的水泥粉末所具有的总表面积，以 $m^2 \cdot kg^{-1}$ 来表示。一定量的空气通过具有一定空隙率和固定厚度的水泥层时，所受阻力不同而引起流速的变化来测定水泥的比表面积。在一定空隙率的水泥层中，孔隙的大小和数量是颗粒尺寸的函数，同时也决定了通过料层的气流速度。

6.3.3　仪器校正

1. 漏气检查

将透气圆筒上口用橡皮塞塞紧，接到压力计上，用抽气装置从压力计一臂中抽出部分气体，然后关闭阀门，观察是否漏气。如发现漏气，用活塞油脂加以密封。

2. 试料层体积的测定

（1）用水银排代法：将两片滤纸沿圆筒壁放入透气圆筒内，用一直径比透气圆筒略小的细长棒往下按，直到滤纸平整放在金属的空孔板上。然后装满水银，用一小块薄玻璃板轻压水银表面，使水银面与圆筒口平齐，并须保证在玻璃板和水银表面之间没有气泡或空洞存在。从圆筒中倒出水银称量，精确至 0.05 g。重复几次测定，直到数值基本不变为止。然后从圆筒中取出一片滤纸，试用约 3.3 g 的水泥，按试料层制备要求压实水泥层[注]。再在圆筒上部空间注入水银，同上述方法除去气泡、压平、倒出水银称量，重复几次，直到水银称量值相差小于 50 mg 为止。

注：应制备坚实的水泥层。如太松或水泥不能压到要求体积时，应调整水泥的试用量。

（2）圆筒内试料层体积 V 按下式计算（精确到 0.00 5 cm^3）：

$$V = (P_1 - P_2)/\rho_{水银}$$

式中　　V——试料层体积，cm^3；

P_1——未装水泥时，充满圆筒的水银质量，g；

P_2——装水泥后，充满圆筒的水银质量，g；

$\rho_{水银}$——试验温度下水银的密度，g·cm^{-3}（见附录 A 表 A1）。

（3）试料层体积的测定至少应进行两次。每次应单独压实，取两次数值相差不超过 0.005 cm^3 的平均值，并记录测定过程中圆筒附近的温度。每隔一季度至半年应重新校正试料层体积。

6.3.4　操作方法

1. 试样准备

（1）将在 110 ℃ ± 5 ℃ 下烘干并在干燥器内冷却至室温的标准试样倒入 100 mL 的密闭容器内，用力摇动 2 min，将结块成团的试样振碎，使试样松散。静置 2 min 后打开瓶盖，轻轻搅拌，使在松散过程中落到表面的细粉分布到整个试样中。

（2）水泥试样，应先通过 0.90 mm 方孔筛，再在 110 ℃ ± 5 ℃ 温度下烘干，并在干燥器内冷却至室温。

2. 确定试样量

校正试验用的标准试样量和被测定水泥的质量,应达到在制备的试料层中空隙率为 0.500 ± 0.005，计算如下：

$$W = \rho V (1 - \varepsilon)$$

式中　　W——需要的试样量，g；

ρ——试样密度，g·cm^{-3}；

V——按上述方法测定的试料层体积，cm^3；

ε——试料层空隙率[注]。

注：空隙率是指试料层中孔的容积与试料层总的容积之比，一般水泥采用 0.500 ± 0.005。如有些粉料按上式算出的试样量在圆筒的有效体积中容纳不下或经捣实后未能充满圆筒的有效体积，则允许适当地改变空隙率。

3．试料层制备

将穿孔板放入透气圆筒的突缘上，用一根直径比圆筒略小的细棒把上片滤纸送到穿孔板上，将边缘压紧。称取按上述方法确定的水泥量，精确到 0.001 g，倒入圆筒。轻敲圆筒的边，使水泥层表面平坦。再放入一片滤纸，用捣器均匀捣实试料直到捣器的支持环紧紧接触圆筒顶边并旋转两周，慢慢取出捣器。

注意：穿孔板上的滤纸，应是与圆筒内径相同、边缘光滑的圆片。每次测定需用新的滤纸片。

4．透气试验操作方法

（1）把装有试料层的透气圆筒连接到压力计上，要保证紧密连接不致漏气，且不振动所制备的试料层。

注意：为避免漏气，可先在圆筒下锥面涂一薄层活塞油脂，然后把它插入压力计顶端锥形磨口处，旋转两周。

（2）打开微型电磁泵，慢慢从压力计一臂中抽出空气，直到压力计内液面上升到扩大部下端时，关闭阀门。

（3）当压力计内液体的凹液面下降到第一个刻线时开始计时，当液体的凹液面下降到第二条刻线时停止计时，记录液面从第一个刻线到第二个刻线所需时间。以秒记录，并记下试验时的温度。

6.3.5　结果计算

（1）当被测物料的密度、试料层中空隙率与标准试样相同，试验时温差不大于 3 ℃时，可按下式计算：

$$S = \frac{S_s \sqrt{T}}{\sqrt{T_s}}$$

如试验时温差不超过 ±3 ℃时，则按下式计算：

$$S = \frac{S_s \sqrt{\eta_s} \sqrt{T}}{\sqrt{\eta} \sqrt{T_s}}$$

式中　S —— 被测试样的比表面积，$cm^2 \cdot g^{-1}$；

S_s —— 标准试样的比表面积，$cm^2 \cdot g^{-1}$；

T —— 被测试样试验时，压力计中液面降落测的时间，s；

T_s —— 标准试样试验时，压力计中液面降落测的时间，s；

η —— 被测试样试验温度下的空气黏度，Pa·s；

η_s —— 标准试样试验温度下的空气黏度，Pa·s。

（2）当被测试样的试料层中空隙率与标准试样试料层中空隙率界不同，试验时温差不大于 3 ℃时，可按下式计算：

$$S = \frac{S_s \sqrt{T}(1-\varepsilon_s)\sqrt{\varepsilon^3}}{\sqrt{T_s}(1-\varepsilon)\sqrt{\varepsilon_s^3}}$$

如试验时温差不超过 ± 3 ℃ 时，则按下式计算：

$$S = \frac{S_s \sqrt{\eta_s}\sqrt{T}(1-\varepsilon_s)\sqrt{\varepsilon^3}}{\sqrt{\eta}\sqrt{T_s}(1-\varepsilon)\sqrt{\varepsilon_s^3}}$$

式中　ε —— 被测试样试料层中的空隙率；

　　　ε_s —— 标准试样试料层中的空隙率。

（3）当被测试样的密度和空隙率与标准试样不同，试验时温差不大于 3 ℃ 时，可按下式计算：

$$S = \frac{S_s \rho_s \sqrt{T}(1-\varepsilon_s)\sqrt{\varepsilon^3}}{\rho\sqrt{T_s}(1-\varepsilon)\sqrt{\varepsilon_s^3}}$$

如试验时温差超过 ± 3 ℃ 时，则按下式计算：

$$S = \frac{S_s \rho_s \sqrt{\eta_s}\sqrt{T}(1-\varepsilon_s)\sqrt{\varepsilon^3}}{\rho\sqrt{\eta}\sqrt{T_s}(1-\varepsilon)\sqrt{\varepsilon_s^3}}$$

式中　ρ —— 被测试样的密度，$g \cdot cm^{-3}$；

　　　ρ_s —— 标准试样的密度，$g \cdot cm^{-3}$。

（4）水泥比表面积应由二次透气试验结果的平均值确定。如二次试验结果相差 2% 以上时，应重新试验。计算精确至 $10 \ cm^2 \cdot g^{-1}$。

（5）当同一水泥用手动勃氏透气仪测定的结果与自动勃氏透气仪测定的结果有争议时，以手动勃氏透气仪测定的结果为准。

6.4　标准稠度用水量、凝结时间和安定性的测定

水泥标准稠度用水量、凝结时间和安定性是评判水泥品质的重要指标，也是保证水泥制品、混凝土工程质量的必要条件。这三个指标也是水泥物理检测的重要项目。

采用标准：GB/T 1346—2011。

6.4.1　水泥标准稠度用水量的测定

在拌制水泥净浆、砂浆或混凝土时，必须加入一定量的水。这些水一方面与水泥起水化反应，使其凝结硬化；另一方面使其具有一定的流动性和可塑性，便于施工操作。用规定的方法进行搅拌，使水泥净浆达到特定的可塑状态，此时所加入的拌和水量称为水泥的净浆需水量，拌和水质量和水泥质量之比的百分数则表示水泥标准稠度用水量。标准稠度用水量将直接影响水泥凝结时间的长短。对于同一水泥，加入的水越多，水泥的凝结时间就越长；反

之，则越短。因此，行业标准规定水泥凝结时间的检验，其用水量必须满足标准条件的要求，以确保同一水泥的检验加水量是相近的，具有对比性。

1. 工作原理

当不同需水量的水泥用固定水灰比的水量调制净浆时，所得的净浆稠度必然不同，试杆（锥）在净浆中下沉的深度也会不同。通过测试不同含水量水泥净浆的穿透性，可确定水泥标准稠度净浆中所需加入的水量。水泥标准稠度用水量的测定有调整水量和固定水量两种方法。标准法采用调整水量法，下面只介绍调整水量法。

调整水量法通过改变拌和水用量，找出使拌制成的水泥净浆达到特定塑性状态所需要的水量。当一定质量的标准试杆（锥）在水泥净浆中自由降落时，净浆的稠度越大，试杆（锥）下沉的深度（S）越小。当试锥（杆）下沉深度达到规定值 $S = 28 \pm 2$ mm 时，净浆的稠度即为标准稠度。此时 100 g 水泥浆净的调水量即为标准稠度用水量（P）。

2. 仪　器

（1）水泥净浆搅拌器：符合 JC/T 729 要求（如 NJ-160A 型）。

（2）量水器：精度 ± 0.5 mL。

（3）标准维卡仪：测定水泥净浆和凝结时间使用标准维卡仪或代用维卡仪。标准维卡仪的结构如图 6-4-1 所示。将仪器上的试杆换成试针（见图 6-4-2），可以用于测定水泥的凝结时间。

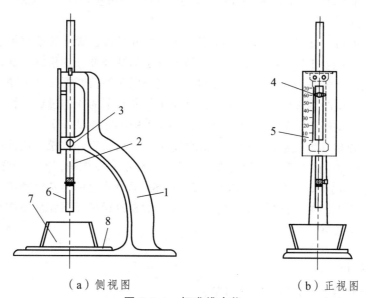

（a）侧视图　　　　　　　（b）正视图

图 6-4-1　标准维卡仪

1—支架；2—活动杆；3—松紧螺栓；4—指针；5—标尺；6—试杆；7—圆模；8—玻璃板

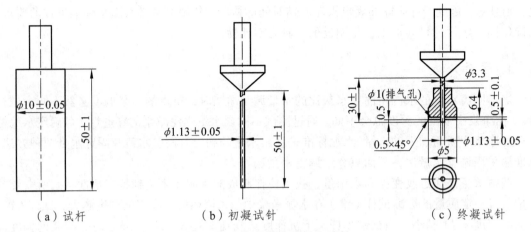

图 6-4-2　维卡仪的试杆和试针

3. 操作步骤

（1）试验前检查维卡仪金属杆是否能自由滑动，并调整至试杆指针对准零点，搅拌机应运转正常。

（2）水泥净浆的拌制：用水泥净浆搅拌机搅拌，搅拌锅和搅拌叶先用湿棉布擦过。根据试验方法量好该试验大致所需的水量，将拌和水倒入搅拌锅内；然后在 5 ~ 10 s 内小心将称好的 500 g 水泥加入水中，注意防止水和水泥溅。拌和时，先将锅放到搅拌机的锅座上，升至搅拌位置，启动机器，低速搅拌 120 s，停拌 15 s；同时将叶片和锅壁上的水泥浆刮入锅中间，接着高速搅拌 120 s 后停机。

（3）拌和结束后，立即取适量水泥净浆一次性将其装入已置于玻璃底板上的试模中，浆体超过试模上端，用宽约 25 mm 的直边刀轻轻拍打超出试模部分的浆体 5 次以排除浆体中的孔隙，然后在试模上表面约 1/3 处，略倾斜于试模分别向外轻轻锯掉多余净浆，再从试模边沿轻抹顶部一次，使净浆表面光滑。在锯掉多余净浆和抹平的操作过程中，注意不要压实净浆。抹平后迅速将试模和底板移到维卡仪上，并将其中心定在试杆下。

（4）将试杆降至与净浆表面接触，拧紧螺丝 1 ~ 2 s 后，突然放松，让试杆垂直自由地沉入净浆中，30 s 时记录试杆距底板间的距离，升起试杆后立即擦净，整个操作应在搅拌后 1.5 min 内完成；当试杆沉入净浆并距底板 6 mm ± 1 mm 的净浆为标准稠度净浆，此拌和水量为标准稠度用水量（P），按水泥质量的百分比计算。如果测得的下沉深度不在此范围内，应增加或减少水量，重新测定。

4. 结果计算

水泥标准稠度用水量 P 可按下式计算：

$$P = \frac{m}{500} \times 100\%$$

式中　m —— 测定时的拌和水量，g；
　　　500 —— 称取水泥的质量，g。

6.4.2　水泥凝结时间的测定

凝结时间的测定可以用人工测定也可以用符合本标准操作要求的自动凝结时间测定仪测定，两者有争议时以人工测定为准。

1. 基本原理

水泥用水调制成标准稠度的净浆，装入圆模内，经一定时间后，采用一定质量的试针在重力的作用下自由沉入净浆中。由于净浆中水泥的硬化，时间越长，硬度越大，试针下沉的深度越小。当试针至距底板 4 mm ± 1 mm 时，即为水泥达到初凝状态。当试针沉入试体 0.5 mm 时，即环形附件开始不能在试体上留下痕迹时，为水泥达到终凝状态。

2. 操作步骤

（1）凝结时间采用维卡仪进行测定，此时仪器试棒下端应改装为试针，装净浆的试模采用圆模。其他仪器设备同标准稠度用水量测定。先调整试针接触玻璃板时指针对准零点。

（2）试件的制备：净浆的制备同标准稠度用水量试验或直接用标准稠度试验用净浆样。测定标准稠度后立即将净浆一次性装入圆模，振动数次后刮平，然后放入湿气养护箱内，记录水泥全部加入水中的时间作为凝结时间的起始时间。

（3）初凝时间的测定。

试件在湿气养护箱中养护至加水后 30 min 时进行第一次测定。测定时，从养护箱内取出试模放至试针下，降低使试针与净浆表面接触。拧紧螺丝 1 ~ 2 s 后突然放松，使试针垂直自由沉入净浆，观察试针停止下沉或释放试针 30 s 时的指针读数。临近初凝时间时，每隔 5 min（或更短时间）测定一次，当试针沉至距底板 4 mm ± 1 mm 时，即为水泥达到初凝状态。由水泥全部加入水中至初凝状态的时间为水泥的终凝时间，用 min 表示。

（4）终凝时间的测定。

为准确观测试针沉入的状况，在终凝针上安装一个环形附件，见图 6-4-2（c）。在完成初凝时间的测定后，立即将试模连同浆体以平移的方法从玻璃板取下，翻转 180°，直径大端朝上、小端朝下放在玻璃板上，再放入湿气养护箱中继续养护。临近终凝时，可每隔 15 min（或更短时间）测定一次，当试针沉入试体 0.5 mm 时，即环形附件开始不能在试体上留下痕迹时，为水泥达到终凝状态。由水泥全部加入水中至终凝状态的时间为水泥的终凝时间，用 min 表示。

注意：最初测定时，应轻轻扶持维卡仪的金属杆，使其徐徐下降，以防试针撞弯，但结果以自由下落为准。测定过程中，试针每次沉入的位置至少距圆模内壁 10 mm。到达初凝或终凝时应立即重复一次，当两次结论相同时才能定为到达初凝或终凝状态。到达终凝时，需要在试体另外两个不同点测试，确认结论相同才能确定到达终凝状态。每次测定不能让试针落入原针孔，每次测定后，须将试针擦净并将试模放回湿气养护箱内。整个测试过程要防止试模受振。

6.4.3 水泥安定性的测定

水泥的安定性是指水泥在凝结硬化过程中体积变化的均匀性。如果水泥硬化后产生不均匀的体积变化，即为体积安定性不良，安定性不良会使水泥制品或混凝土构件产生膨胀性裂缝，降低建筑物质量，甚至引起严重事故测定方法。水泥的安定性的检测可以用饼法也可以用雷氏夹法，有争议时以雷氏夹法为准。

引起水泥安定性不良的原因有很多，主要有以下三种：熟料中所含的游离氧化钙过多、熟料中所含的游离氧化镁过多或掺入的石膏过多。熟料中所含的游离氧化钙或氧化镁都是过烧的，熟化很慢，在水泥硬化后才进行熟化，这是一个体积膨胀的化学反应，会引起不均匀的体积变化，使水泥石开裂。当石膏掺量过多时，在水泥硬化后，它还会继续与固态的水化铝酸钙反应生成高硫型水化硫铝酸钙，体积增大，且会引起水泥石开裂。

1. 雷氏夹法（标准法）

（1）基本原理。

将水泥调制成标准稠度的净浆后做成试块，经养护和沸煮后，其中的死烧状态的游离氧化钙或氧化镁与水反应，体积增大。用雷氏夹测定其膨胀程度，判别其安定性是否合格。

（2）仪器设备。

① 沸煮箱：符合 JC/T 955 的要求（如 Fz-31 型）。

② 雷氏夹：结构如图 6-4-3 所示。雷氏夹是由具有一定弹性的铜质材料做成的圆柱形圆环（雷氏环模），沿圆柱母线有一切口，切口两旁连有两根长 15 cm 的指针。测定时在雷氏环模中填满水泥净浆，经养护及沸煮一定时间后水泥试件试件体积膨胀，使雷氏夹两指针间距离的增大。由增大值来判定水泥的安定性。

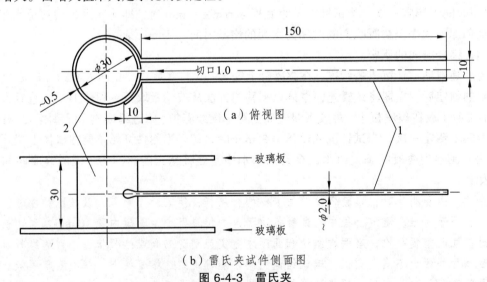

（a）俯视图

（b）雷氏夹试件侧面图

图 6-4-3 雷氏夹

1—指针；2—环模

使用前应检查雷氏夹弹性。方法是将雷氏夹的一根指针根部悬挂在一根细金属丝上，在另一根指针根部再挂上 300 g 重的砝码，这时两根指针尖距离较未挂前距离增加应在（17.5

±2.5）mm 范围内，当去掉砝码后又能恢复未挂前的距离。弹性检查在雷氏夹膨胀值测定仪上进行（见图 6-4-4），试验前雷氏夹内侧应薄涂机油。

③ 雷氏夹膨胀值测定仪：结构见图 6-4-4，标尺最小刻度为 1 mm。

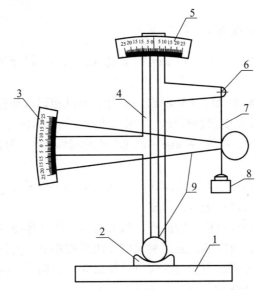

图 6-4-4　雷氏夹膨胀值测定仪示意图

1—底座；2—模子座；3—测弹性标尺；4—立柱；5—测膨胀值标尺；6—悬臂；7—悬丝；8—砝码；9—雷氏卡

（3）操作步骤。

① 测定前的准备工作。

按标准稠度用水量试验方法制备净浆或直接用标准稠度试验用净浆样。每个试样需成型两个试件，每个雷氏夹需配备两块边长或直径 80 mm，厚度 4～5 mm 的玻璃板，凡与水泥净浆接触的玻璃板和雷氏夹内表面都要稍稍涂上一层油（矿物油较好）。

② 雷氏夹试件的成型。

将预先准备好的雷氏夹放在已稍擦油的玻璃板上，并立即将已制好的标准稠度净浆一次装满雷氏夹，装浆时一只手轻轻扶持雷氏夹，另一只手用宽约 25 mm 的直边刀在浆体表面轻轻插捣 3 次，然后抹平，盖上稍涂油的玻璃板，接着立即将试件移至湿气养护箱内养护 24 h ± 12 h。

③ 沸煮。

调整好沸煮箱内的水位，使之能保证在整个沸煮过程中都超过试件，不需中途添补试验用水，同时又能保证在 30 min ± 5 min 内升至沸腾。

脱去玻璃板取下试件，先测量雷氏夹指针尖端间的距离（A），精确到 0.5 mm；接着将试件放入沸煮箱水中的试件架上，指针朝上，然后在 30 min ± 5 min 内加热至沸并恒沸 180 min ± 5 min。

④ 结果判别。

沸煮结束后，立即放掉沸煮箱中的热水，打开箱盖，待箱体冷却至室温，取出试件进行判别。测量雷氏夹指针尖端的距离（C），准确至 0.5 mm，当两个试件煮后增加距离（$C-A$）的平均值不大于 5.0 mm 时，即认为该水泥安定性合格；当两个试件的（$C-A$）的平均值大于 5.0 mm 时，应用同一样品立即重做一次试验。以复检结果为准。

雷氏夹由于结构上特点——质薄、圈小、针长，且对弹性有严格要求，因此在操作中应小心谨慎，勿施力过大，以免造成损坏变形。新雷氏夹在使用前应检查其弹性；正常使用的雷氏夹每半年检查一次，当遇有距离增加超过 40 mm 的情况，应进行弹性检查。上述检查弹性符合标准要求仍可继续使用。

2. 试饼法的操作步骤及结果判别

（1）每个试样准备两块边长约 100 mm 的玻璃板，凡与水泥净浆接触的玻璃板都要稍涂一层油。

（2）将制备好的水泥标准稠度净浆取出一部分，分成相同两等份，先团成球形，放在预先准备好的玻璃板上，在桌面上轻轻振动，并用湿布擦过的小刀由边缘向中央抹，使水泥浆形成一个直径 70~80 mm，中心厚约 10 mm，边缘渐薄的圆形试饼，接着将试件移至湿气养护箱内养护（24±2 h）。

（3）脱去玻璃板取下试饼，先观察试饼外观有无缺陷，在无开裂、翘曲等缺陷时，放在沸煮箱的篦架上，然后按雷氏夹法进行沸煮。

（4）沸煮结束后，立即放掉箱中的热水，打开箱盖，待箱体冷却至室温，取出试饼进行观察判断。当目测试饼未发现裂缝，且用钢尺检查也没有弯曲（使钢尺和试饼底部紧靠，以两者间不透光为不弯曲）的试饼为安定性合格，反之为不合格。当两个试饼判别结果有矛盾时，该水泥的安定性为不合格。

6.5　水泥强度的测定

水泥强度是指水泥胶砂硬化试件能承受外力破坏的能力，是水泥的重要性能。水泥是混凝土的主要胶结材料，水泥强度是水泥胶结能力的体现，是混凝土强度的根本来源。因此水泥强度的测定和应用具有特别重要的意义。水泥的强度通常分为抗压、抗折和抗拉强度。

水泥标准试体承受弯曲破坏时的最大应力，称为水泥抗折强度。

水泥标准试体承受拉伸破坏时的最大应力，称为水泥抗拉强度。

水泥标准试体承受压缩破坏时的最大应力，称为水泥抗压强度。

影响水泥强度的因素很多，如熟料矿物组成、燃烧程度、冷却速度、水泥细度、混合材料掺入量、试体成型时的加水量、环境的温湿度、水泥的储存时间及条件等。

采用标准：GB/T L7671—1999，水泥胶砂强度检验方法（ISO 法）。

6.5.1　主要设备

1. 行星式胶砂搅拌机

行星式搅拌机应符合 JC/T 681—2005 的要求。

行星式水泥胶砂搅拌机是由机座（或箱体）、减速器、立柱、齿轮箱、搅拌机、搅拌锅、电动机、电动控制系统等组成。图 6-5-1 是行星式搅拌机基本构造。它的特点是叶片能同时自转和公转，搅拌更加均匀。

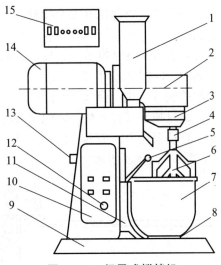

图 6-5-1　行星式搅拌机

1—砂斗；2—减速箱；3—行星机构及叶片公转标志；4—叶片紧固螺母；5—升降柄；6—叶片；7—锅；8—锅座；
9—机座；10—立柱；11—升降机构；12—面板自动、手动切换开关；13—接口；14—立式双速电机；15—程控器

2. 试　模

材质和制造尺寸应符合 JC/T 726—2005 要求。

试模由隔板、端板、底板紧固装置及定位锁组成，能同时成型基条 40 mm × 40 mm × 160 mm 棱柱体且可拆卸。

当试模的任何一个公差超过要求时，都应更换。在组装备用的干净试模时，用黄干油等密封材料涂覆模型的外模缝。试模内表面应涂上一薄层模型油或机油。

成型操作时，应在试模上面加一个壁高 20 mm 的金属模套，当从上往下看时，模套壁与模型内壁应重叠，其超出部分不应大于 1 mm。

为控制料层厚度和刮平胶砂，应备有两个播料器和一个金属刮平直尺。

3. 水泥胶砂振动台和水泥胶砂试体成型振实台

（1）水泥胶砂振动台。

水泥胶砂振动台主要用于水泥 40 mm × 40 mm × 160 mm 试体的振实成型，与水泥胶砂搅拌机、三联试模配套使用。

图 6-5-2 是水泥胶砂振动台结构图，它是由电动机带动、偏重轮转动、振动台面上下运动来振实试模内的胶砂。它主要由卡具、台商、电机、偏振子等组成。

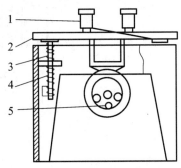

图 6-5-2　振动台结构图

1—卡具；2—台面；3—拉杆；4—下弹簧；5—偏振子

胶砂振动台应符合 JC/T 723—2005 要求。振动台应安装在高度约 400 mm 的混凝土基座上。混凝土体积约为 0.25 m³，重约 600 kg。为防外部振动影响振实效果，可在整个混凝土基座下放一层厚约 5 mm 的天然橡胶弹性衬垫。将仪器用地脚螺丝固定在基座上，安装后设备成水平

状态，仪器底座与基座之间要铺一层砂浆以保证其完全接触。

（2）水泥胶砂试体成型振实台。

水泥胶砂振实台（以下简称振实台）的基本结构、技术要求、检验方法、检验规则以及标志和包装等内容应符合 JC/T 682—2005 的标准要求。

振实台由台盘和使其跳动的凸轮等组成。台盘上有固定试模用的卡具，并连有两根起稳定作用的臂，凸轮由电机带动，通过控制器控制按一定的要求转动并使台盘平稳上升至一定高度后自由下落，其中心恰好与止动器撞击。卡具与模套连成一体，可沿与臂杆垂直方向向上转动不小于 100%。其基本结构如图 6-5-3 所示。

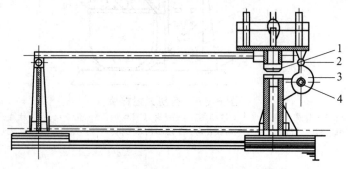

图 6-5-3　水泥胶砂试体成型振实台结构
1—突头；2—随动轮；3—凸轮；4—止动器

4. 抗折机强度试验机

抗折试验试验机可供水泥厂化验室、建筑施工单位、科研单位及有关专业院校对水泥胶砂试块做抗折强度检验用，也可做其他非金属脆性材料抗折强度的检验。

电动抗折试验机的基本结构由底座、主柱、机架、大杠杆、小杠杆、电动机、传动丝杆、平衡锤、游动砝码、抗折夹具、电器控制箱等部分组成。

图 6-5-4 是电动抗折试验机结构图。抗折强度试验机应符合 JC/T 724—2005 的要求。

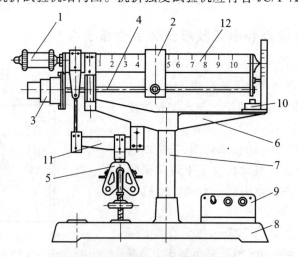

图 6-5-4　电动抗折试验机示意图
1—平衡锤；2—游砣；3—可逆电机；4—传动丝杆；5—抗折夹具；6—机架；7—立柱；
8—底座；9—电器控制箱；10—微动开关；11—下杠杆；12—主杠杆

5. 抗压强度试验机

压力试验机结构如图 6-5-5 所示。

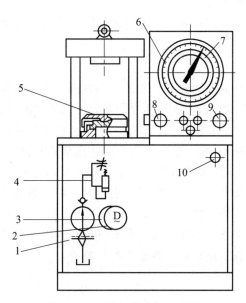

图 6-5-5　压力试验机示意图

1—过滤器；2—电动机；3—油泵；4—压力阀；5—球座；6—指示表；
7—刻度指示；8—回油阀；9—送油阀；10—调节器

液压式压力机是由油泵、油缸和测力部分组成，油泵、油缸、测力机构用油管连通，构成密闭的油压系统。密闭容器里的液体，在其任意一点上受到压力作用时，这个压力将被液体传递到容器的任何部位，而且压力的强度不变，液压式压力机就是根据这一原理而设计的。在油泵的柱塞上施加一个压力，泵内液体的压力便上升，产生一个压力强度，这压力强度被液体传递到工作油缸的下部，使工作油缸上部产生另一个压力，推动工作活塞工作。

6.5.2　操作步骤和结果计算

1. 胶砂的制备

（1）材料配比。

胶砂的质量配合比应为 1 份水泥、3 份标准砂和 0.5 份的水（水灰比为 0.5），一锅砂做成 3 条试体。

砂采用中国 ISO 标准砂；试验水泥从取样到试验要保持 24 h 以上时，应储存在基本装满和气密，且不与水泥反应的容器里；仲裁试验或其他重要试验用蒸馏水，其他试验可用饮用水。胶砂制备材料用量见表 6-5-1。

表 6-5-1　胶砂制备材料用量表

材　　料	水泥 / g	标准砂 / g	水 / mL
用　　量	450±2	1 350±5	225±1

（2）胶砂搅拌。

胶砂的搅拌用国际通用的行星式搅拌机，先加水再加水泥，然后慢速搅拌 30 s，接着边慢速搅拌边加砂 30 s，再高速搅拌 30 s，停 90 s，在第一个 15 s 内用一胶皮刮将叶片和锅壁上的胶砂刮入锅中间，再高速搅拌 60 s。各个搅拌阶段时间差应在 1 s 内。

2. 试件成型

胶砂制备后应立即进行成型，成型前先将试模擦净，四周的模板与底座的接触面上应涂黄干油，紧密装配，防止漏浆，内壁均匀刷一层机油。将搅拌好的胶砂用搅拌勺先搅拌几次，然后分两次装入试模。第一层装约 300 g 胶砂，用大播料器往复将胶砂播平。按下振实台控制器开关，启动振实台振动 60 次。之后将剩余胶砂全部装入试模，用小播料器将物料播平，再振动 60 次。移走模套，从振动台取下试模，用直边尺以近似 90° 的角度架在试模顶面，然后沿着试模长度方向以横向锯割方式向另一端移动，将超过试模部分的胶砂刮去，然后再用同一尺以水平方式将试体表面抹平。

在试模上做标记或加字条标明试件编号和试件相对于振实台的位置。在胶砂搅拌过程中，如发生故障应停机检查，该锅样作废，并重新称样搅拌。

3. 试件养护

水泥胶砂试体养护箱应符合 JC/T 958—2005 的要求。

成型完毕后，去掉留在模子周围的胶砂，立即将试模移入湿气养护箱，湿空气应与试模各边接触。不要将试模放在别的试模上。一直养护到规定的脱模时间，取出脱模。脱模前用防水墨水或颜料笔对试体编号。两个龄期以上的试体，在编号时应将同一试模的三条试体分在两个以上龄期内。

脱模可用塑料锤或橡皮榔头，也可以使用专门的脱模器脱模。脱模应非常小心，对于 24 h 龄期的，应在破型试验前 20 min 内脱模；24 h 以上龄期的，应在成型后 20 ~ 24 h 脱模。如经 24 h 养护，会因脱模对强度造成损害时，可延迟到 24 h 后脱模，但在实验报告中应予说明。已确定作为 24 h 龄期试验（或其他不下水直接做试验）的已脱模试体，应用湿布覆盖至做试验时为止。

已经做好标记的试件应立即水平或竖直放在 20 ℃ ± 1 ℃ 水中养护，水平放置时刮平面应朝上。试件要放在不易腐烂的篦子上，彼此间保持一定间距。养护期间试件间距和试体上表面水深不得小于 5 cm。每个养护池只能养护同类型的水泥式样。最初用自来水装满养护池，随后保持适当水位，不允许在养护期间全部换水。除 24 h 龄期或延迟至 48 h 脱模的试体外，任何到龄期的试体应在试验（破模）前 15 min 从水中取出，揩去表面沉积物，用湿布覆盖至试验为止。

试体的龄期是从水泥加水搅拌开始试验时算起，不同龄期强度试验在下列时间进行：

24 h ± 15 min、45 h ± 30 mm、72 h ± 45 min、7 d ± 2 h、28 d ± 8 h。

4. 强度测定试验

用规定的抗折试验机以中心加荷法测定抗折强度，抗折强度试验机应符合 JC/T 724 的要

求。在折断后的棱体上进行抗压试验，受压面是试体成型时的两个侧面，面积为 40 mm ×
40 mm。当不需要抗折强度数据时，抗折强度试验可以省去，但抗压强度试验应在不使试件
受有害应力情况下折断的两截棱柱体上进行。

（1）抗折强度的测定。

将试体一个侧面放在试验机支撑圆柱上，试体长轴垂直于支撑圆柱，通过加荷圆柱以（50
± 10）N·s^{-1} 的速率均匀地将荷载垂直地加在棱柱体相对侧面上，直至折断。保持两个半截
棱柱体处于潮湿状态直至抗压试验。

抗折强度 R_f 以牛顿每平方毫米（MPa）单位表示，按下式进行计算：

$$R_f = \frac{1.5 F_f L}{b^3}$$

式中　F_f —— 折断时施加于棱柱体中部的荷载，N；

　　　L —— 支撑圆柱之间的距离，mm；

　　　b —— 棱柱正方形截面边长，mm。

抗折强度 R_f 数值也可直接从抗折试验机标尺上读取，记录至 0.1 MPa。

抗折强度试验操作注意事项如下：

① 核对当天破型的编号、龄期、破型日期与原始记录是否相符。

② 调整抗折机零点，检查抗折夹具的三根圆柱是否能自由转动。

③ 将试体用湿布覆盖，破型时抹去水珠，擦去砂粒。

④ 试体写字面面对操作者，检查上下面气泡使气泡多的一面向上。

⑤ 将试体放入夹具中，使侧面与圆柱接触，试体在夹其中的位置应居中，夹具上下部分
位置要平齐对正。

⑥ 适当调整杠杆位置，当试体折断时，杠杆应尽量接近平衡位置。

⑦ 注意使加荷速度控制在（0.05 ± 0.005）kN·s^{-1} 范围内。

（2）抗压强度的测定。

抗压强度试验用抗折试验后两半截棱柱体的侧面进行。半截棱柱体中心与压力机压板受
压中心差应在 ± 0.5 mm 内，棱柱体露在压板外的部分约有 10 mm。在整个加荷过程中以
（2 400 ± 200）N·s^{-1} 的速率均匀地加荷直至破坏。抗压强度 R_C 以牛顿每平方毫米（MPa）
为单位表示，按下式进行计算：

$$R_C = \frac{F_C}{A}$$

式中　F_c —— 为破坏时最大荷载，kN；

　　　A —— 受压部分面积，mm^2。

抗压强度结果计算精确至 0.1 MPa。

使用抗压强度试验机应注意的事项如下：

① 经常检查夹具上、下压板是否对准和平行。

② 调节指针零点及平衡，将抗压夹具放在下压板中心，开动油泵，关闭回油阀，打开送
油阀，使工作活塞升起一段距离。调整平衡铊使摆杆处于铅垂位置，转动指针使其对准刻度
盘零位。

③ 经常润滑球座以保持球座灵活。

④ 在试验过程中如油泵突然停止工作，应立即卸掉负荷。

⑤ 要试验行程开关的可靠性。

⑥ 严格控制加荷速度在（5±0.5）kN 范围内。

（3）试验结果的确定。

① 抗折强度。

以一组三个棱柱体抗折结果的平均值作为试验结果。当三个强度值中有超出平均值 ±10%时，应剔除后再取平均值作为抗折强度试验结果。

② 抗压强度。

以一组三个棱柱上得到六个抗压强度测定值的算术平均值作为试验结果。

如六个测定值中有一个超出平均值 ±10%，就应剔除这个结果，而以剩下五个的平均数为结果。如五个测定值中再有超过它们平均数 ±10%的，则此组结果作废。

6.6　水泥流动度的测定

1. 跳桌及附件

（1）跳桌采用电动跳桌，可振动部分总重量为（3.45±0.10）kg，圆盘跳动时落距为（10±0.1）mm。

（2）圆柱捣棒。

由金属材料制成，直径 20 mm，长约 200 mm。

（3）截锥圆模及模套。

截锥圆模尺寸。

高（60±0.5）mm

上口内径：ϕ（70±0.5）mm

下口内径：ϕ（100±0.5）mm

模套须与截锥圆模配合，截锥模与模套用金属材料制成。

（4）卡尺：量程 200 mm 的卡尺。

2. 材料和试验条件

（1）水泥试样、标准砂和试验用水须符合《胶砂强度检验操作规程》中的规定要求。试验条件应与《胶砂强度检验操作规程》中的要求一致。

（2）跳桌如有较长时间不用，在使用前应让其空跳十几次或更多次。如果发现不正常，应检查原因。

（3）要保持电压稳定，防止传动机构产生振动。

3. 流动度的测定

（1）胶砂的制备。

① 胶砂配料。

水泥：450 g；标准砂：1 350 g；水：225 g。

② 搅拌。

同水泥胶砂强度测定（ISO 法）"6.5.2 搅拌"。

（2）在拌和胶砂的同时，用湿布抹擦跳桌台面、捣棒、截锥圆模和模套内壁，并把它们置于玻璃板中心，盖上湿布。

（3）将拌好的水泥胶砂迅速地分两层装入模内，第一层装至圆锥模高的 2/3，用餐刀在垂直两个方向各划实 5 次，再用圆柱捣棒自边缘至中心均匀捣压 15 次，其中沿圆锥模内径边缘捣压 10 次，往里第二圈捣压 4 次，中心 1 次；接着装第二层胶砂，装至高出圆锥模约 2 cm，同样用餐刀各划实 5 次，再用圆柱捣棒自边缘至中心均匀捣压 10 次，其中外圈 7 次，内圈 3 次。捣压深度，第一层捣至胶砂高度的 1/2，第二层捣至不超过已捣实的低层表面，装胶砂与捣实时用手将截锥圆模扶持不要移动。

（4）捣压完毕，取下模套。用小刀将高出截锥圆模的胶砂刮去并抹平，抹平后将圆模垂直向上轻轻提起，然后插上电源，开机测定，跳桌跳动 25 次结束。

（5）跳动完毕，用卡尺测定水泥砂底部扩散的直径，取相垂直的两直径的平均值为该水量时的水泥胶砂流动度，结果以 mm 为单位。

第 2 篇　陶瓷工业检测

第 7 章　陶瓷工业概述

7.1　陶瓷的概念和分类

7.1.1　陶瓷的概念

陶瓷的传统概念是指以黏土和其他天然矿物为原料，经过粉碎、成型、焙烧等工艺过程所制得的各种制品，是陶器、炻器、瓷器等黏土制品的统称。现代陶瓷的概念也已远远超出古老的传统陶瓷的范畴，具有高强度、耐高温、耐腐蚀、耐摩擦等特性或各种敏感特性的陶瓷材料，在冶金、机械、交通、能源、生物和航天等领域得到广泛应用。它们的生产过程虽然基本上还是原料处理、成型、煅烧这种传统的陶瓷生产方式，但采用的原料已扩大到化工原料和人工合成矿物原料，其组成范围也已从传统的硅酸盐领域拓展到无机非金属材料。同时，它们对原料处理、成型、烧成等工艺过程比传统陶瓷提出了更高的要求，从而诞生了许多新工艺、新技术。因此，广义的陶瓷概念是无机非金属固体材料制品的统称。

陶器的发明是人类文明的重要进程，在中国，陶器的产生距今已有一万多年的悠久历史。陶器的使用对人类社会的进步与发展作出了重大的贡献，在陶瓷技术与陶瓷艺术上所取得的成就，尤其具有特殊重要意义。

7.1.2　陶瓷的分类

对于陶瓷的分类，国内外有多种提法。目前国际上尚无统一的规定，最普遍采用的两种分类法：一种是按陶瓷的用途来分；另一种是按基本物理性能和原料组成来分。

1. 按陶瓷的概念和用途来分

（1）传统陶瓷（普通陶瓷）。

传统陶瓷主要指陶器、炻器和瓷器，也包括玻璃、搪瓷、耐火材料、砖瓦等。

这些陶瓷制品主要是用天然的硅酸盐类矿物如黏土、瓷石、长石、石英等经原料处理、成形和烧结制成的，可分为日用陶瓷、建筑陶瓷、卫生陶瓷、耐酸陶瓷、电瓷等。

（2）特种陶瓷（新型陶瓷）。

特种陶瓷是 20 世纪发展起来的，新品种层出不穷。

新型陶瓷的化学组成往往有异于传统陶瓷，现在已经开发出氮化物陶瓷、碳化物陶瓷、硼化物陶瓷、硅化物陶瓷、氟化物陶瓷、硫化物陶瓷等。不同化学组成的陶瓷往往具有特殊的性质，如在陶瓷基体中添加金属纤维和无机纤维可以大大改善陶瓷的脆性。

根据性能还可将特种陶瓷分成两大类，即结构陶瓷和功能陶瓷。其中，具有机械功能、热功能和部分化学功能的陶瓷列为结构陶瓷，如高强度陶瓷、高温陶瓷、高韧性陶瓷等；具有电、光、磁、化学和生物特性且具有相互转换功能的陶瓷列为功能陶瓷，如压电陶瓷、电解质陶瓷、半导体陶瓷、电介质陶瓷、光学陶瓷、磁性瓷、生物陶瓷、储氢陶瓷、梯度功能陶瓷、智能陶瓷、超导陶瓷等。

2. 按基本物理性能特征分

以普通陶瓷中的日用瓷为例，按其基本物理性能如气孔率、透明性、色泽等进行分类可分作土器、陶器、炻器、瓷器，见表 7-1-1。

表 7-1-1　陶瓷的分类

名　称	特　征	用途举例
土器	胎有吸水性，无釉	砖、瓦
陶器	胎有吸水性，有釉	盘、罐等日用器皿、内墙砖
炻器	胎少吸水性，色胎	砂锅、水缸和耐酸陶瓷、外墙砖
瓷器	胎无吸水性，白胎有透明性，有釉	日用器皿、地砖、卫生洁具

7.2　陶瓷生产的原料

普通陶瓷所用的原料大部分是天然矿物原料，主要是具有可塑性的黏土类原料；此外，还有以长石为代表的熔剂类原料和以石英为代表的瘠性类原料。瘠性原料指的是没有塑性和黏性的物料。另外，还有石灰石、滑石、霞石、珍珠岩等熔剂料以及作为坯料的釉料、色料等辅助原料。特种陶瓷所用的原料主要是化工原料和人工合成矿物原料。

7.2.1　黏土类原料

1. 黏土的分类

黏土种类繁多，一般按成因、产状、工艺性能及矿物组成等来分类。

（1）按成因分类，有原生黏土和次生黏土。原生黏土又称一次黏土，是由母岩风化后残留在原地形成的。其质地较纯，颗粒稍粗，可塑性较差，耐火度较高。次生黏土又称二次黏土、沉积黏土，它是由风化形成的黏土受雨水、风力的作用迁移到其他地点沉积而形成的黏土层。这种黏土颗粒很细，而且在迁移过程中夹入很多杂质和有色物质，故常呈色，可塑性较好，但耐火度较差。

（2）按可塑性分类，有高可塑性黏土和低可塑性黏土。高可塑性黏土又称软质黏土、球土或结合黏土，其分散度大，多呈疏松状或板状，如膨润土、木节土、球土等。低可塑性黏土又称硬质黏土，其分散度小，多呈致密块状、石状，如叶蜡石、焦宝石、碱石、瓷石等。此外还有中等可塑黏土，如瓷土、红矸等；非塑性黏土，如叶蜡石等。

（3）按耐火度分类，有耐火黏土、难熔黏土、易熔黏土等。

（4）按构成黏土的主要黏土矿物分类，有高岭石类黏土、蒙脱石类黏土、水云母类黏土、叶蜡石类黏土和水铝英石类黏土等。

2. 黏土的组成

（1）黏土的主要化学成分。

黏土是含水铝硅酸盐的混合物，化学成分主要是 SiO_2、Al_2O_3，还有少量碱金属氧化物（K_2O、Na_2O）、碱土金属氧化物（CaO、MgO）、着色氧化物（Fe_2O_3、TiO_2）和灼烧减量（机械结合水、化合水、有机物、碳酸盐、硫酸盐等）。

（2）黏土的矿物组成。

黏土是多种微细矿物的混合体，这些矿物分为高岭石类、蒙脱石类和伊利石英三大类别。对于每一种黏土来说，往往不止含一种黏土矿物，而是含有两种或两种以上的黏土矿物，只是其中一种是主要的。高岭石（$Al_2O_3 \cdot 2SiO_2 \cdot 2H_2O$）是一般黏土中最常见的黏土矿物，由其作为主要成分的纯净黏土称为高岭土。它的吸附能力小，可塑性和结合性较差，杂质少、白度高、耐火度高。

（3）黏土的颗粒组成。

颗粒组成是指黏土中所含的各种不同大小颗粒的百分含量。黏土中矿物的颗粒是很细的，其直径一般在 $1 \sim 2~\mu m$ 及以下，而不同的黏土矿物颗粒大小也不同，蒙脱石和伊利石的颗粒要比高岭石小。黏土中的非黏土矿物的颗粒一般较粗，可在 $1 \sim 2~\mu m$ 及以上。由于细颗粒的比表面积大，其表面能也大，因此黏土中的细颗粒越多，则其可塑性越强、干燥收缩大，干后强度越高，并且在烧成时也易于烧结，烧后的气孔率亦小，有利于成品的机械强度、白度和半透明度的提高。

此外，很多黏土中还含有不同数量的有机物质，有褐煤、蜡、腐殖酸衍生物等。这些有机物质含量的多少和种类的不同，可使黏土呈灰至黑等各种颜色。但它们在煅烧时能被烧掉，因此只要不含别的着色物质，黏土烧后呈白色。有的有机物质（如腐殖质）有着显著的胶体性质，可以增加黏土的可塑性和泥浆的流动性。但有机物质过多时也有可能造成瓷器表面起泡与出现针孔。

3. 黏土的工艺性质

（1）可塑性和结合性。

黏土物料加一定量水膨润后，可捏练成泥团。在外力作用下，它变形但不开裂，可塑造成所需要的形状，在除去外力后，仍保持该形状，这种性能称为可塑性。不同的黏土矿物，可塑性也不相同，蒙脱石类黏土较高岭石、伊利石类的可塑性好。同样的黏土，其颗粒越细，有机质含量越高，可塑性越好。此外，黏土颗粒吸附的阳离子种类、浓度与可塑性关系很大，吸附的阳离子浓度大，离子半径小，电价高（如 Ca^{2+}、H^+），则吸附水膜较厚，可塑性较好。

结合性是指黏土结合瘠性原料形成可塑泥料并具有一定的干坯强度的能力。一般可塑性好的黏土，其结合性也好。

（2）离子交换性。

黏土颗粒由于其表面层的断键和晶格内部离子的被置换而带有电荷，能吸附其他异性离子。在水溶液中，这种被吸附的离子又可被其他相同电荷的离子所置换。这种性质称为黏土的离子交换性。离子交换能力的大小可用阳离子交换容量来表示。它指 pH = 7 时每 100 g 干黏土所吸附能够交接的阳离子或阴离子的毫摩尔数，单位为 mol/100 g。

（3）触变性。

黏土泥浆或可塑泥团受到振动或搅拌时，黏度会降低，流动性增加，静置后逐渐恢复原状。此外，泥料放置一段时间后，在维持原有水分的情况下也会出现变稠和固化现象。这种性质统称为触变性。

（4）膨化性。

黏土加水后体积膨胀的性质称为膨化性。膨化性的大小可用膨胀容来表示，它由两三个部分组成：内膨胀容——结构层间；外膨胀容——颗粒间。膨胀容通常用 1 g 干黏土吸水膨胀后的体积（cm^3）来表示。

（5）收缩性。

黏土经 110 ℃ 干燥后，自由水及吸附水相继排出，黏土颗粒之间的距离缩短而产生收缩，称为干燥收缩。干燥后的黏土经高温煅烧，因产生脱水分解作用和液相填充在空隙中并将颗粒黏结起来，同时又生成一些新的结晶物质，使体积进一步收缩，称之为烧成收缩。

（6）烧结温度与烧结范围。

黏土是多种矿物的混合物，没有固定的熔点，当黏土加热到一定温度后（>900 ℃）开始出现液相并逐渐增加，在液相表面张为作用下，未熔颗粒相互靠拢，使体积收缩，气孔率下降，密度提高。对应体积开始剧烈变化的温度称为开始烧结温度 T_1；当黏土完全烧结，其气孔率降至最低值，收缩率达最大值，该温度称为烧结温度 T_2；如果继续升温，试样因液相太多发生变形，出现这种情况的最低温度称为软化温度 T_3。烧结温度至软化温度之间的温度区间称为烧结温度范围，在此范围内黏土可烧结致密。

7.2.2 石英类原料

1. 石英原料的种类

由于地质产状不同，石英呈现为多种状态，其中最纯的石英称为水晶。因水晶产量很小，除了制造石英玻璃外，一般无机非金属材料制品无法采用。在陶瓷、玻璃、耐火材料生产中，采用得较多的石英类原料主要有脉石英、砂岩、石英岩、石英砂、硅藻土、燧石等。

2. 石英原料的性质

石英的化学成分是 SiO_2，常含有少量杂质成分。石英在高温时与碱金属氧化物作用生成硅酸盐和玻璃态物质。

石英在加热过程中会发生晶型转变，同时伴随体积变化。高温型转化的体积变化大，但转化速度慢，又有液相缓冲，所以危害不大。低温型的转化体积变化小，但转化速度快，又是在无液相出现的条件下进行转化，因而破坏性强。

3. 石英在陶瓷生产中的作用

（1）调节（减弱）泥料的可塑性，降低坯体的干燥收缩，减少坯体的变形，缩短坯体的干燥时间。

（2）烧成过程中，石英因加热产生晶型转变伴随的体积膨胀，可部分抵消黏土的收缩，减弱烧成收缩过大而造成的应力，改善坯体性能。

（3）高温下部分溶解于玻璃相中，提高玻璃黏度；残余的颗粒构成坯体的骨架，增强高温下坯体抵抗变形的能力，并提高制品的机械强度。

（4）在釉中是形成玻璃的主要成分，它的含量及粒度的变化会影响釉的性能，可以调节釉的热膨胀系数，赋予釉面高的机械强度、硬度、耐磨性与抗化学侵蚀性能。

7.2.3　长石类原料

1. 长石的种类

自然界中的长石种类很多，其中大多数是以下几种长石的混合物：

钾长石　　$K_2O \cdot Al_2O_3 \cdot 6SiO_2$

钠长石　　$Na_2O \cdot Al_2O_3 \cdot 6SiO_2$

钙长石　　$Ca_2O \cdot Al_2O_3 \cdot 26SiO_2$

钡长石　　$Ba_2O \cdot Al_2O_3 \cdot 2SiO_2$

陶瓷工业主要使用正长石亚族中的正长石、微斜长石、透长石等。生产中所称的钾长石，实际上是以含钾为主的钾钠长石，而所称的钠长石实际上是以含钠为主的钾钠长石。

2. 长石的作用

（1）长石是坯、釉中碱金属氧化物（K_2O、Na_2O）的主要来源，可降低陶瓷的烧成温度。

（2）熔融后的长石熔体能溶解部分高岭土分解产物和石英颗粒，促进莫来石晶体的形成和长大，提高瓷体的机械强度和化学稳定性。

（3）长石熔体填充于各颗粒间，促进坯体致密化。其液相过冷，形成玻璃相，提高了陶瓷制品的透光度和介电性能。

（4）长石能降低坯料的可塑性，降低干燥收缩，缩短干燥时间，减少坯体变形和开裂。

（5）高温下的长石溶体具有较大的黏度，能起到高温热塑作用和胶结作用，防止高温变形。

（6）在釉料配方中，长石用量更多，长石原料和石英原料高温熔化后所形成的玻璃态物质是釉的主要成分。

7.2.4　其他原料

1. 碳酸盐类原料

（1）碳酸钙类：这类原料主要有方解石、石灰石、大理石、白垩等。方解石含杂质较少，一般为乳白色或无色。碳酸钙低温有瘠化作用，高温有强助熔作用，缩短烧成时间，增加瓷器的透明度，使坯釉结合更加牢固。此外，方解石也是高温釉的主要原料，能增大釉的折光率，因而提高釉光亮度。

（2）菱镁矿：菱镁矿的主要成分是 $MgCO_3$，常含铁、钙、锰等杂质，因此多呈白、灰、黄、红等色，有玻璃光泽。在陶瓷坯料中用菱镁矿代替部分长石，可降低坯料的烧结温度，减少液相量。此外，MgO 还可减弱坯体中因铁、钛等化合物所产生的黄色，提高瓷坯的半透明性和坯体的机械强度。在釉料中加入 MgO，可增宽熔融范围，改善釉层的弹性和热稳定性。

（3）白云石：白云石是碳酸钙和碳酸镁的固溶体。其化学式为 $CaCO_3 \cdot MgCO_3$，常含铁、锰等杂质，一般为灰白色，有玻璃光泽。白云石在坯体中能降低烧成温度，增加坯体透明度，促进石英的熔解及莫来石的生成；可代替方解石且能提高釉的热稳定性。

2. 滑　石

滑石是天然的含水硅酸镁矿物，其化学式为 $3MgO \cdot 4SiO_2 \cdot H_2O$，成分中常含有铁、铝、锰、钙等杂质。纯净的滑石为白色，含杂质的一般为淡绿、浅黄、浅灰、淡褐等色。滑石具有脂肪光泽，富有滑腻感，多呈片状或块状。

滑石用于制造陶瓷釉料或滑石质细瓷、工业瓷的坯料。在釉料中加入滑石可改善釉层的弹性、热稳定性，增宽熔融范围；在坯料中加入少量滑石，可降低烧成程度，在较低的温度下形成液相，加速莫来石晶体的生成；同时扩大烧结温度范围，提高白度、透明度、机械强度和热稳定性。在精陶坯体中用滑石代替长石，可降低釉的后期龟裂。

3. 硅灰石

硅灰石是偏硅酸钙类矿物，其化学式为 $CaO \cdot SiO_2$，天然硅灰石常与透辉石、石榴石、方解石、石英等共存。故其组成中含有少量 Fe_2O_3、Al_2O_3、MgO、MnO、K_2O 及 Na_2O 等杂质。硅灰石单晶呈板状或片状，集合体呈片状、纤维状、块状或柱状等。硅灰石常呈白色及灰色，具有玻璃光泽。由于硅灰石本身不含有机物和结构水，干燥收缩和烧成收缩都很小，其热膨胀系数很小，因此适宜于快速烧成。烧成后，瓷坯中的针状硅灰石晶体交叉排列成网状，使制品的机械强度提高，同时形成含碱土金属氧化物较多的玻璃相，其吸湿膨胀也小，可用来制造釉面砖、日用陶瓷、低损耗无线电陶瓷等；也有用来生产卫生陶瓷、磨具、火花塞等。

7.3　陶瓷生产的工艺简介

7.3.1　陶瓷生产流程

陶瓷制品的基本生产工艺过程有：原料选定、配料、坯釉料制备、成型、干燥、施釉、烧成等工序。

　　各类陶瓷的生产过程有所不同。图 7-3-1 为日用陶瓷的基本生产工艺流程。由于各厂或各地区使用的原料特性和设备有差异，这些陶瓷制品的生产工艺也会有所不同。

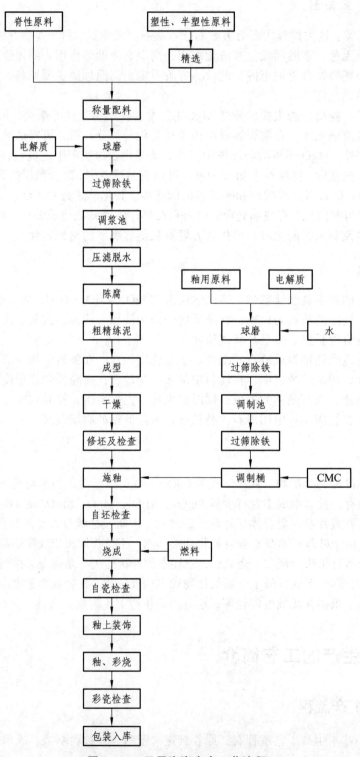

图 7-3-1　日用陶瓷生产工艺流程

7.3.2　原料的配料和计算

陶瓷制品种类繁多，性能要求和所用原料各不相同，通常将陶瓷原料经配料和一定的加工，制得符合生产工艺要求、多组分的均匀配合料。

1. 原料的配料

（1）配料依据。

① 产品的物理化学性质以及使用性能，如白度与透明度、釉面光泽、器型色泽、机械强度、电气性能等。性能指标分别列在有关的国家标准、部颁标准及企业标准中。考虑配方时必须熟悉相应的内容。

② 在拟定配方时可采用一些工厂或研究单位积累的数据和经验，这样可以节省试验时间，提高效率。但也不可机械地搬用，一定要慎重分析，并通过试验验证，或在成功经验的基础上进行试验创新，最后应以试验测定结果为鉴定的依据。

③ 了解各种原料对产品性质的影响是配料的基础。进行配料试验和配方计算之前必须对所用原料的化学组成、矿物组成、物理性质以及工艺性能作全面的了解。

④ 配方要能满足生产工艺的要求。具体来说，坯料应能适应成型与烧成的要求。如用于自动生产线上的，不仅要求组成和性能稳定，还要求有较高的生坯强度。而日用瓷要求有一定的白度和透明度，并对釉面铅的溶出量有严格限制。

⑤ 考虑经济上的合理性，原料尽量就地取材，采用来源丰富、质量稳定、运输方便、价格低廉的原料。

（2）配料的表示方式。

① 配料量表示法。

这种方法列出每种原料的质量分数。如刚玉瓷的配方为：工业氧化铝 95.0%、苏州高岭土 2.0%、海城滑石 3.0%。又如卫生瓷乳浊釉的配方为：长石 33.2%、石英 20.4%、苏州高岭土 3.9%、广东铁英石 13.4%、氧化锌 4.7%、姬烧滑石 9.4%、石灰石 9.5%、碱石 5.5%。这种方法具体反映原料的名称和数量，便于直接进行生产或试验。但因为各地区、各工厂所产原料的成分和性质不会相同，因此无法互相对照比较或直接引用。即使是同种原料，若成分波动，则配料比例也必须作相应的变更。

② 化学组成表示法。

对坯料或釉料进行化学全分析，并以分析结果表示坯料或釉料的化学组成。化学组成项目有 SiO_2、Al_2O_3、Fe_2O_3、CaO、MgO、K_2O、Na_2O、灼烧减量等。

③ 示性矿物组成表示法。

把生产所用的各种天然原料中的同类矿物含量合并在一起，换算成黏土、长石、石英三种纯矿物的质量百分比表示。例如，硬质瓷含纯黏土物质 40%~60%，长石 20%~30%，石英 20%~30%。这种方法的依据是同类型的矿物在坯料中所起的主要作用基本上是相同的。但由于这些矿物种类很多，性质有所差别，它们在坯体中的作用也还是有差别的，因此这种方法只能粗略地反映一些情况。

④ 实验式表示法（塞格尔式法）。

根据坯或釉化学组成中氧化物含量的百分数，除以各氧化物的摩尔质量，得到各组分的摩尔数,将摩尔数冠于各氧化物分子式前,再按碱性氧化物（$R_2O + RO$）、中性氧化物（R_2O_3）、酸性氧化物（R_2O）的顺序排列起来,并把其中一种的系数调整为 1。

例如,硬瓷的坯式为：$1(R_2O + RO) \cdot (3 \sim 5)Al_2O_3 \cdot (15 \sim 21)SiO_2$;

硬瓷的釉式为：$1(R_2O + RO) \cdot (0.5 \sim 1.2)Al_2O_3 \cdot (10 \sim 23)SiO_2$。

2. 配料的计算

配料的计算牵涉到配方的要求和原料的成分,计算过程较繁杂。一般根据配方的要求选择以上的表示法进行计算。以下仅举一个以矿物组成表示法的计算示例。

【例 7.1】要求坯料的矿物组成为：黏土矿物 60%,长石 15%,石英 25%,原料黏土的示性分析为：黏土矿物 80%,长石 12%,石英 8%。除此黏土外,长石及石英的差额由纯原料补足。

解：（1）先计算黏土的用量。

以 100 g 坯料为计算基准,坯料中黏土矿物为 60 g,长石 15 g,石英 25 g。因原料黏土含黏土矿物 80%,故有：

原料黏土的用量为：$60 \times 100/80 = 75$（g）

随原料黏土带入的长石和石英：

长石为：$75 \times 12\% = 9$（g）

石英为：$75 \times 8\% = 6$（g）

（2）计算应补足的长石和石英：

应补长石：$15 - 9 = 6$ g；应补石英：$25 - 6 = 19$ g

（3）实际配料配方如下：

黏土：75%；长石：6%；石英：19%。

目前,确定配料组分基本上用实验的方法。为了取得所需制品的性能,也利用计算技术的算法,连续地选择配料的品种和单个组分的配比。在国内外生产陶瓷品的实践中,通常大体地计算原料以及助熔剂的矿物成分,并在原料的组成改变时,把它们调配。不论在实验室,还是在工厂,都实行这种配料法。很多生产企业在开发和检测具有某种物理技术性能的新陶瓷材料时,越来越多地应用计算机技术,使计算相当简单和高速,缩短了新产品开发周期,提高了产品质量。

7.3.3　坯料的制备

1. 原料的处理

（1）精选。天然原料总会或多或少地含有一些杂质,使用前有必要进行精选。硬质原料如长石、石英、方解石等,通常经过粗碎后在回转筒中加水冲洗以除去表面的污泥和碎屑。黏土类原料中含有的母岩砂砾和云母等可经过淘洗池或水力旋流器把它们分离出来。

（2）粉碎。为了使烧成时所发生的各种物理、化学反应过程最有效地进行,以及为了获得具有完全均一组织的瓷坯,必须将组成坯泥的各个组分经过适当的粉碎,以达到一定均衡的细度。陶瓷工业中,粗碎一般采用颚式破碎机,中碎采用轮碾机,细碎则用球磨机或环辊磨机。

（3）除铁。坯料中的含铁杂质严重影响瓷面色泽的质量，不仅会降低成品的白度，同时也会影响成品的其他性能（介电性质和强度等）。原料中的铁质多来自原矿的含铁矿物，如长石中的黑云母、磁铁矿，黏土中分布不均的块状黄铁矿、褐铁矿等。在加工过程中机器磨损物也会混入。这些杂质大部分可采用选矿法或淘洗除去。除去粉状有磁性的铁质最简单而有效的方法是采用磁铁分离器。但是有一些含铁矿物，如菱矿铁、黄铁矿、黑云母等不受磁选的影响，故必须结合采用各式各样的机械净化方法来帮助强化去铁过程。有些国家利用振动筛和电磁滤器配合进行。

（4）泥浆脱水。如采用湿法制备坯料时，泥浆的水分含量可达 60%，超过可塑性泥料的要求（19%～25%），多余的水分要脱水除去。常用方法主要有压滤机压滤脱水和喷雾干燥热风脱水。

（5）坯料的陈腐。陈腐就是将经过粗炼后的泥浆在一定的温度和湿度放置一段时间。其作用是：① 通过毛细管的作用，使泥料中水分分布更加均匀，流动性提高，可塑性增强。② 水和电解质的作用使黏土矿物颗粒充分水化，发生离子交换，由非可塑性物质转变为黏土，可塑性提高。③泥料中的有机物发酵腐烂，增加腐殖酸物质的含量。此外发生一些氧化还原反应，如 FeS_2 生成 H_2S 气体扩散流动、$CaSO_4$ 还原为 CaS 等，使泥料松散均匀。

2. 坯料的制备

（1）坯料的种类。

根据成型方式和含水量的不同陶瓷坯料可分为三大类：

① 注浆坯料：含水 28%～35%；

② 可塑坯料：含水 18%～25%；

③ 压制坯料：含水 8%～15%为半干料，含水 3%～7%干料。

（2）坯料的质量要求。

配方准确，组分均匀，细度符合工艺要求，空气含量少。

（3）不同类型坯料的制备。

前面介绍的原料处理过程适用于制备可塑坯料。其他两种坯料的制备过程与之相似，但各有特点。注浆料的制备流程主要不同的是注浆料中必须加入电解质以稀释泥浆以获得流动性好、含水率低的浓泥浆。另外，泥浆的细度较其他坯料的细度要求高，一般细度为方孔筛筛余小于 1%，且泥浆应有适当的颗粒组成。

压制粉料的制备工艺要求水分分布均匀。为使粉料在模型中填充致密、均匀，要求粉料具有良好的流动性，最好把粉料制成一定大小的球状团粒。目前常用的粉料制备流程有三种，即普通造粒法、泥饼干燥打粉法和喷雾干燥造粒法。

普通造粒法又称干粉混合法，是将各种原料干粉加适量的水（有的在水中加入适量黏结剂），混合均匀（通过混料机）后过筛造粒。

泥饼干燥打粉法是将压滤后的泥饼通过火坑、链板干燥机或余热干燥室等干燥设备干燥到一定水分，再经过打粉机破碎成一定粉料，过筛后制成。

喷雾干燥造粒法是用喷雾器将制好的料换汇喷入干燥塔进行干燥造粒，雾滴中的水分在塔内受热空气的干燥作用在塔内蒸发而使料浆成球状团粒，完成造粒过程。根据雾化方式不同，可分为压力式和离心式两大类。

7.3.4　坯料的成型

对已制备好的坯料，通过一定的方法或手段，迫使坯料发生形变，制成具有一定形状大小坯体的工艺过程称为成型，其中所应用的方法或手段叫做成型方法。成型应满足烧成所要求的生坯干燥强度、坯体致密度、生坯入窑含水率、器型规整等装烧性能。

成型方法主要有前述的注浆成型法、可塑成型法和压制成型法三种。在选择成型方法时，最基本的依据是：产品的器形、产量与质量要求、坯料的性能以及经济效益。

1. 可塑成型

可塑成型法是利用模具或刀具等工艺装备运动所造成的压力、剪力或挤压力等外力，对具有可塑性的坯料进行加工，迫使坯料在外力作用下发生可塑变形而制作坯体的成型方法。

可塑成型所用坯料制备比较方便，对泥料加工所用外力不大，对模具强度要求也不高，操作也比较容易掌握。目前，陶瓷制品多数采用可塑法成型。但可塑成型法所用泥料含水量高，干燥热耗大（需要蒸发大量水分），易出现变形、开裂等缺陷。可塑成型工艺对泥料要求也比较苛刻。

可塑成型法有滚压成型、旋压成型、挤压成型和车坯成型。此外还有雕塑、印坯与拉坯成型等手工成型方法。

2. 注浆成型

注浆成型是将制备好的泥浆注入多孔型模（如石膏模）内，贴近模壁的泥浆中的水被具有吸收性的磨具吸收，形成有一定厚度的泥层。当泥层增厚达到所要求的注件厚度时，把余浆倒出，脱模后可得坯体。

注浆成型适用于各种陶瓷产品，特别是形状复杂、不规则的、壁薄的、体积较大且尺寸要求不严的器物都可用注浆法成型。一般日用陶瓷中的花瓶、汤碗、椭圆形盘、茶壶、杯把、壶嘴等使用都可用注浆法成型。由于注浆成型方法的适应性强，只要有多孔性模型就可以生产，不需要专用设备（也可以有机械化专用设备）也不拘于生产量的大小，投产容易，故在陶瓷生产中获得普遍使用。但是注浆工艺生产周期长，手工操作多，占地面积大，石膏模用量大。坯体含水量大而且不均匀，干燥收缩和烧成收缩较大，这些是注浆成型工艺上的不足并有待改善的问题。随着注浆成型机械化连续化自动化的发展，有些问题可以逐步得到解决，使注浆成型更适宜于现代化生产。

注浆成型的具体方法有单面注浆、双面注浆、压力注浆、真空注浆、离心注浆、成组注浆、热浆注浆、电泳注浆等。

3. 压制成型

压制成型是将粉状坯料在钢模中加压形成坯体的成型方法。压制成型的特点是生产过程简单、坯收缩小、致密度高、产品尺寸精确，且对坯料的可塑性要求不高。缺点是对形状复杂的制品难以成型，多用来成型扁平状制品。但近年来，等静压和其他新工艺的发展，使得许多复杂形状的制品也可以压制成型。

7.3.5　坯体的干燥

陶瓷坯体成型后通常含有大量水分，必须进行干燥。其目的是提高生坯强度，便于检查、修坯、搬运、施釉和烧成。

日用陶瓷坯体最简单的干燥方法是自然空气干燥，就是通常的阴干（晾干）或晒干。因其干燥速度慢、周期长、自然空气的干燥条件（温度、湿度、流动情况等）波动大、占地面积大、劳动强度也大，又难以控制干燥质量而逐渐被淘汰。目前最常用的方法是人工加热通风即热空气干燥。

热空气干燥有室式干燥法和连续式干燥法，室式干燥法设备简陋、造价低廉，但热效低、周期长、干燥条件不易控制、人工运输所造成的破损率较高。连续式干燥法又有隧道干燥、链式干燥等。连续式干燥法特点是生坯移动，干燥器的热工参数相对稳定。

近年来，高频、微波、近红外、远红外等干燥方法也被广泛采用。

7.3.6　釉料制备和施釉

1．釉及其作用

釉是指覆盖在陶瓷坯体上的玻璃态薄层，但它的组成较玻璃复杂，其性质和显微结构也和玻璃有较大的差异。例如：釉的高温黏度远大于玻璃；其组成和制备工艺与坯料相接近而不同于玻璃。

釉的作用在于：改善陶瓷制品的表面性能，使制品表面光滑，对液体和气体具有不透过性，不易沾污；同时，可以提高制品的机械强度、电学性能、化学稳定性和热稳定性。釉还对坯起装饰作用，可以覆盖坯体的不良颜色和粗糙表面，扩大陶瓷的使用范围，提高产品的等级。

2．釉的分类

（1）按与其结合的坯体的种类，分为瓷釉、陶釉。

（2）按制备方法，分为生料釉、熔块釉、熔盐釉、土釉等。

（3）按釉的外观特征，可以分为透明釉、乳浊釉、半无光釉、结晶釉、金属光泽釉、裂纹釉等。

（4）按釉的烧成温度可分为高温釉($>1\,250\,℃$)、中温釉($1\,100\sim1\,250\,℃$)、低温釉($<1\,100\,℃$)。

（5）按釉的主要熔剂矿物不同，可分为长石釉、石灰釉、铅釉、锂釉、镁釉、锌釉等。

3．釉料制备

（1）确定釉料配方的原则。

① 根据坯体的烧结性质来调节釉的熔融性质,釉料必须在坯体烧结温度下成熟并具有较宽的熔融温度范围（不小于 $30\,℃$），在此温度范围内釉熔体能均匀地铺在坯体上，在冷却后能形成平整光滑的釉面。

② 使釉的热膨胀系数与坯体热膨胀系数相适应，一般要求釉的热膨胀系数略低于坯体的膨胀系数，两者相差程度取决于坯釉的种类和性质。

③ 坯釉的化学组成要相适应，为了保证坯釉紧密结合，形成良好的中间层，应使两者的化学性质，既要相近又要保持适当差别。

④ 正确选用原料，釉用原料较坯用原料复杂得多，而且要求高得多。对长石、石英要求洗选。用于生料的原料应不溶于水。

釉料配方的确定一般参考文献资料和严谨数据，并在结合成功的经验配方的基础上加以调整。

（2）釉制备流程。

不同类型的釉料制备流程有所不同，本节仅介绍生料釉制备工艺流程（见图 7-3-2）。

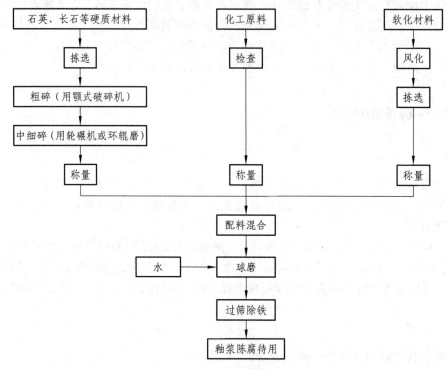

图 7-3-2　生料釉制备工艺流程

4. 施　釉

施釉前，生坯或素烧坯均需进行表面清洁处理，除去尘垢或油污，以保证釉层的良好黏附。可以采用压缩空气吹扫或海绵湿抹。施釉的基本方法如下：

（1）浸釉：将胚体浸入釉浆，利用胚体的吸水性或热胚对釉的黏附而使釉料附着胚上。釉层厚度视胚体的吸水性、釉浆浓度和浸责时间而定，此法适用于大、中、小各类产品。

（2）浇釉：将釉浆浇于坯体上，通常把胚体放在旋转的机轮上，釉浆浇在胚体中央，借离心力使得浆体均匀散开，或使釉浆流过半球浇釉器表面再流向胚体。本方法适用于圆盘、单面上釉的扁平砖及坯体强度差的产品。

（3）喷釉：压缩空气将釉浆通过喷枪或喷釉机喷成雾状而附在胚体上。釉层厚度与坯与喷口的距离、喷釉压力、喷浆比重有关。喷釉法适用于大型、薄壁、形状复杂的生坯，可分为手工喷釉、机械喷釉、静电喷釉等。

（4）刷釉：用毛刷或者毛笔涂刷在胚体表面，多用于工艺瓷的施釉及补釉，釉浆密度可以很大。

7.3.7　烧　成

坯体经过成型、上釉后，必须通过高温烧成，才能形成一定的矿物组成和显微结构，成为陶瓷。坯体在烧成过程中发生一系列物理化学变化，这些变化在不同的温度阶段中进行，它决定了陶瓷的质量与性能。烧成是陶瓷制造工艺过程中最重要的工序之一。陶瓷烧成有一次烧成和二次烧成之分。一次烧成是指经过成型、干燥或施釉后的生坯，在烧成窑内一次烧成陶瓷产品。二次烧成是指经过成型干燥的生坯，先进行第一次烧成（素烧）后的产品，经拣选、施釉等工序后，再进行第二次烧成（釉烧）。

烧成过程可分成以下几个阶段：

1. 低温阶段（室温～300 ℃）

坯体在这一阶段主要是排除干燥后的残余水。本阶段的变化纯系物理现象。

2. 中温阶段（300～950 ℃）

在这一阶段，坯体内部发生较复杂的物理化学变化，黏土中的结构水得到排除，碳酸盐分解，有机物、碳素和硫化物被氧化，石英晶型转变。这些变化与坯体组成、升温速度、窑炉气氛等因素有关。

3. 高温阶段（950 ℃～烧成温度）

在此阶段坯体中部分组分（如硫酸盐和氧化铁等）继续发生氧化还原反应，非晶态二氧化硅转化为方石英，随后和长石等组分溶化形成液相并产生新的结晶，坯体开始烧结。之后，在选定的合适高温下保温，使坯体内物化反应继续，液相量增加，晶体长大，瓷胎致密化。同时促使坯体的组织趋于均一。

4. 冷却阶段

冷却过程通常分为三个阶段：

（1）初期：即由烧成温度冷至 800 ℃，瓷坯中处于黏滞状态的液相，只要能保证窑的截面温度的均匀性，冷却速度应尽可能地快，以避免粗晶增多，机械强度降低，同时防止低价铁再度氧化而使制品发黄。

（2）冷却中期：即由 800 ℃冷到 400 ℃，瓷坯中黏滞的玻璃相随着温度的不断减少，由塑态逐渐转变为固态。残余石英也发生晶型转变。如果冷却过快，不仅形成较大的结构应力，而且瓷坯内部和表面也将出现较大的热应力。这一阶段的冷却速度必须缓慢，以防制品炸裂。

（3）冷却后期：即由 400 ℃冷至常温，此时，瓷坯中的玻璃相已经全部固化，瓷坯内部结构也已定型，并且承受的热应力作用也大大减小。所以这一阶段的冷却速度仍然可以加快，只要制品能承受住暂时热应力，不会出现冷却缺陷。

第 8 章　陶瓷检测方法

8.1　检测方法简介

陶瓷是人类生活和生产中不可缺少的材料之一，随着社会的发展，人们对陶瓷材料及制品的性能和质量提出越来越高的要求，对生产过程和产品的检测标准更加严格。一般的检测项目包括：陶瓷的外观质量、产品规格误差、铅-镉溶出量、吸水率、抗热震性、白瓷白度、釉面光泽度（无光釉、亚光釉产品除外）、釉面色差、微波炉适应性、冰箱到微波炉适应性、冰箱到烤箱适应性、耐机洗性能试验、破坏强度、釉面硬度、化学稳定性、坯釉应力、弹性模量、断裂韧性、疲劳强度、热导率、磁性能、介电常数、介质损耗、抗电强度、压电性能等。不同的应用领域对检测会有不同的侧重面和特殊的要求。在生产过程的质量控制中还包括对陶瓷原料颗粒度和化学成分全分析。这些检测项目主要通过化学分析和仪器检测进行。本章重点介绍日用陶瓷的检测。

8.1.1　化学分析

1. 陶瓷化学分析的作用

化学分析的方法在陶瓷检测中主要分析鉴定陶瓷原材料及制品的化学组成，其主要作用为：① 对陶瓷生产所用的原材料进行分析化验，检查其是否合乎规定的标准或使用要求，为产品配方的确定、原材料的选择、工艺控制提供可靠的依据。② 对生产过程中的坯、釉料及半成品进行控制分析，保证生产出合格产品。③ 对陶瓷制品的一些化学成分进行测定，保证产品质量符合标准，并为陶瓷生产研究和理论总结提供数据。

化学组成是影响材料性能的最基本因素，材料性能不仅受到主要化学成分的影响，而且在许多情况下还与少量杂质元素的种类、浓度和分布情况等有很大的关系。研究少量杂质元素在材料组成中的聚散特性，不仅涉及探讨杂质的作用机理，而且开拓了利用杂质元素改善材料性能的途径，这在特种陶瓷中的结构陶瓷、功能陶瓷中尤其显得重要。无论是非仪器分析或是仪器分析，它们给出的都是陶瓷原材料、坯釉或产品的化学组成数据，也即是生产与科研人员要掌握某种产品性能所必须要了解的最基本的内容。

2. 陶瓷化学分析的分类

陶瓷化学分析的方法，有非仪器分析和仪器分析两大类：

（1）非仪器分析：主要是容量法和重量法，见图 8-1-1（a）。

（2）仪器分析：主要有以下几类分析方法，见图 8-1-1（b）。

① 光学分析：使用的主要方法有分光光度法、原子发射光谱法和原子吸收光谱法。

② 电化学分析：使用的主要方法有电位分析、电重量分析、电解电离分析。

③ X 射线分析：使用的主要方法有 X 射线荧光法、X-衍射分析等。

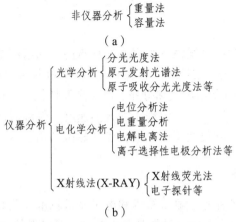

图 8-1-1 陶瓷化学分析分类

3. 陶瓷化学分析的主要项目

陶瓷制品的基本原料为黏土、长石和石英；同时也使用一些碱金属和碱土金属的硅酸盐、硫酸盐和其他矿物原料，如方解石、石灰石、大理石、菱镁矿、白云石 和滑石等，它们的主要化学成分有二氧化硅、三氧化二铝、氧化钙、氧化镁、三氧化二铁、二氧化钛、氧化钾、氧化钠、氟化钙、三氧化硫等。对于陶瓷原料和坯料，以上成分是化学分析的主要检测项目。对于日用陶瓷，铅、镉溶出量也是重要的检测项目。为了获得丰富的色彩和特殊的表面性能，陶瓷的釉料往往采用更多种类的原料，含有更多的元素，如钡、锌、锆、铬、铜、锰、钒等，名目繁多，成分复杂，在此不做介绍。图 8-1-2 是一个陶瓷坯料及原料系统分析方案。具体

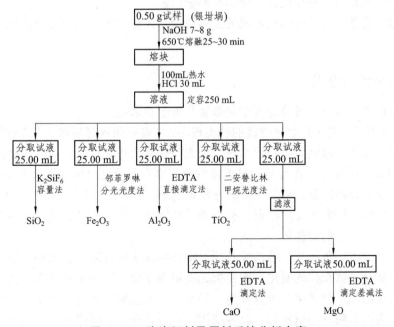

图 8-1-2 陶瓷坯料及原料系统分析方案

操作步骤可参看本书 4.2 节和 4.3 节。

8.1.2　显微分析

　　显微结构是指在不同类型显微镜下观察到的材料内部的组织结构，包括：晶相种类，晶粒的形貌、大小、分布和取向，玻璃相的存在和分布，气孔尺寸、形状和分布，各种杂质（包括添加物）、缺陷、微裂纹的存在形式和分布，以及晶界特征等。显微结构的形成不仅和化学组成有关，而且和原材料性质、工艺过程（如升温速度、保温时间）等紧密相关。对于给定化学组成的陶瓷来说，其性能很大程度上取决于其显微结构。

1. 显微分析的任务

　　显微结构的研究是用各种光学显微技术和电子显微技术以及其他现代分析手段，综合运用物理化学、结晶学、矿物岩石学、材料制备工艺学，对材料的显微结构、材料组成、物相、工艺制备条件以及性能品质之间的关系进行研究。显微分析的特点是能让研究者直接观察到试样，包括晶相种类、大小、分布，非晶相及气相的分布、微裂纹的大小及分布等。具体讲，显微结构分析有如下任务：

　　（1）根据材料研究和生产过程中原料、半成品、成品的显微结构，对它们的品质进行评价。

　　（2）通过对材料或制品中缺陷的检测，从显微结构上找出缺陷产生的原因，提出改善和防止的措施，对生产进行控制。

　　（3）对玻璃或其他熔体与耐火材料发生的反应，通过显微结构的观察，了解其中的侵蚀机制，设法延长窑炉的使用寿命，为适当选择和使用耐火材料提供依据。

　　（4）从显微结构和物理化学的基本观点出发，研究设计新材料或中间产品，以求获得较为理想的显微结构并具有预期优良性能的材料或产品。

　　（5）研究工艺条件对显微结构形成的影响规律，促使工艺条件更加合理化，改善材料的使用性能。

2. 显微分析的分类

　　按显微原理进行分类，可分为光学显微镜与电子显微镜。

　　（1）光学显微镜：目前光学显微镜的种类很多，主要有明视野显微镜（普通光学显微镜）、暗视野显微镜、荧光显微镜、相衬显微镜、激光扫描共聚焦显微镜、偏光显微镜、微分干涉差显微镜、倒置显微镜等。普通光学显微镜的分辨率由于受到自然光波波长 $\lambda = 0.4 \sim 0.7\ \mu m$ 以及制造上数值孔径的限制，最大分辨率约为 $0.2\ \mu m$。而由于像差影响，实际上还很难达到，使它们在很多领域的研究中受到限制，但可通过测定结构中不同的相的光学性质，帮助人们辨明相的性质，这是它们的优势。

　　特殊光学显微镜在普通光学显微镜基础上结合特殊的附件装置，实现分辨率的提高。如相衬显微镜就是把光波相位的变化，变换为光波振幅变化，形成明暗反差。微分干涉相衬显微镜具有纳米级的相位分辨率，可以看到一般光学显微镜难以观察到的微细结构。特殊光学显微镜在晶体表面形貌、晶格缺陷、晶界结构、应力分布、半导体外延生长层的完整性、集成电路衬底及扩散层浓度截面、陶瓷坯釉结合面、陶瓷金属封接面、釉面形貌、玻璃纤维截面折射率分布的测定等方面都显示了独特的性能及良好的测试精度，成为材料科学研究中重要的测试手段。

（2）电子显微镜：电子显微镜有与光学显微镜相似的基本结构特征，但它将电子束作为一种新的光源，使物体成像。高速运动的电子束具有波动性，它的波长极短，为 0.005 3 ~ 0.003 7 nm，仅为为可见光的十万分之一，透射电镜的分辨率可达 0.2 nm，放大倍数可达几百万倍，而光学显微镜只有数千倍。电子显微镜的优势还表现在它的综合功能好，可以在分辨观察到极细小结构相的同时，随意地对研究相做点、线或面的微区化学元素成分分析，这在研究对材料性能起很大影响作用的晶界、晶界层到晶粒的过渡变化及晶粒结构的固溶变化等有着重要作用。除透射电镜外，还发展了扫描电镜、反射电镜、场发射电子显微镜、扫描隧道电子显微镜、原子力电子显微镜分析电镜等。

8.1.3　X 射线分析

1. X 射线分析概述

X 射线是德国物理学家伦琴于 1895 年发现的。它是一种肉眼不可见的射线，但能使感光材料感光和荧光物质发光；具有较强的穿透物质的本领；能使气体电离；与可见光一样，它是沿直线传播的，在电磁场中不发生偏转。由于当时对其本质不甚了解，因此称之为 X 射线。后人为了纪念其发现者，也称之为伦琴射线。X 射线与可见光一样，是一种横向电磁辐射，所不同的是 X 射线的波长（0.005 ~ 10 nm）要比可见光短得多，从能量角度度量，由 $\varepsilon = hc/\lambda$ 可知，λ 波长越短，ε 能量越大，所以，X 射线光子的能量比可见光大得多。它们在与不同物质相互作用时有明显的差异，正是这些差异决定了 X 射线在实际应用中的特殊用途。以 X 射线为辐射源的分析方法统称为 X 射线分析（X-ray Analysis）。

2. X 射线分析的分类及在陶瓷检测中的应用

X 射线技术发展到现代，它在应用主要可概括为下面三个方面：

（1）X 射线透视技术。

X 射线能使胶片感光或激发某些材料发出荧光。射线在穿透物体过程中按一定的规律衰减，利用衰减程度与射线感光或激发荧光的关系可检查物体内部的缺陷。人们熟知的 X 射线透视应用是医学诊断上的 X 射线透视技术，在陶瓷材料方面也是有许多应用，如材料的无损探伤、特种陶瓷流延成型中的成型厚度监控等。

（2）X 射线光谱技术。

X 射线光谱技术主要有 X 射线吸收法和 X 射线荧光法，可以用于研究陶瓷材料物质的原子构造，如电子能级分布、电子的状态等。其中，用于成分分析的 X 射线荧光法应用较为广泛。该法的基本原理见本书第 5 章。在陶瓷检测中，X 射线荧光法可用于陶瓷制品和原料的元素成分的定性和定量分析。

（3）X 射线衍射技术。

X 射线衍射技术在陶瓷领域中应用广泛，因为陶瓷制品绝大部分是晶体构成，当 X 射线通过晶体时，晶体便作为一个三维光栅而产生衍射效应，由于任何一种结晶物质的化学组成及其内部结构之间或多或少存在着一定的差异，因而衍射效应也会有所区别。由此，可以测定晶体材料的内部结构和物相的定性和定量，还可以进行宏观和微观应力分析。

3. X 射线分析方法的新发展

X 射线分析技术随着现代科学技术的互相渗透，导致它的仪器设备向着大功率、高稳定性、高灵敏度、自动化、多种功能联合的方向发展，使得这项技术更加完善、适应范围更宽、检测分析速度更快、获得的材料内部的信息更多。如物相分析计算机化，能对多至 100 条谱线的多相物质在 18 s 内即完成检索。又如采用 X 射线小角度散射技术，把获得信息的范围加宽了很多，可达数百倍，实现了高分子化合物晶体的点阵参数（几十到几百埃）测定。采用不完整晶体的漫散衍射，当 X 射线照射到不完整晶体上时，除出现由平均点阵引导的布拉格反射之外，尚有微弱的漫散衍射，它的强度仅为布拉格反射的千分之一数量级，通常需要高灵敏度的仪器"带单色器的衍射仪"才能准确测量。用这种实验方法测量出由无序相关度引起的漫散衍射强度，可以直接计算出晶体中的无序情况。X 射线衍射貌相术利用近完整晶体的完整区与缺陷区 X 射线衍射强度的差异，或晶体不同区域衍射方向的差异直接显示晶体内部缺陷的分布、形状、性质和数量。晶体的内部缺陷对陶瓷材料的器件的许多种性能有着十分重要的影响。近年来对半导体、激光、红外光等各种新技术领域所用单晶材料的质量提出越来越高的要求，X 射线貌相术就是适应这种需要发展起来的。但 X 射线分析在化学成分测定方面还有不足，且在非晶态材料方面也显得无能为力，它们同样有设备价格极其昂贵、测试分析费用高的不利面。

8.1.4　热分析

热分析是在程序控温下，测量物质的物理性质随温度变化的一类技术。热分析技术广泛应用于化学、物理学、地质学、生物学等基础科学以及冶金、化工、电工、轻工业和环境保护等生产部门及科研单位，也广泛地应用于陶瓷材料领域。陶瓷材料随着温度的变化，其物理和化学性质会发生变化，并伴随有能量的吸收与放出、体积与质量的改变等。热分析法就是关于物质物理性质（能量、质量、尺寸大小等）依赖于温度变化而进行测量的一项技术。

热分析具有如下特点：应用的广泛性、在动态条件下研究的快速性和技术方法的多样性。

根据检测的物理性质的不同，热分析可分为 9 类 17 种技术。

（1）质量：

① 热重测量法；② 等压质量变化测量法；③ 逸出气体检测法；④ 逸出气体分析；⑤ 射气热分析法；⑥ 热微粒分析法。

（2）温度：① 加热曲线测量法；② 差热分析法。

（3）焓：差示扫描量热法。

（4）尺寸：热膨胀测量法。

（5）机械特性：① 热机械分析法；② 动态热机械法。

（6）声学特性：① 热发声法；② 热声学法。

（7）光学特性：热光学法。

（8）电学特性：热电学法。

（9）磁学特性：热磁学法。

这些热分析方法可以研究陶瓷材料和制品中的熔融、氧化还原、固相反应、脱水、分解、晶型转变、玻璃化温度、物相分析、软化点、结晶、动力学研究、反应机理、传热研究、热膨胀性、纯度验证、烧结温度、反应热量定量等。热分析不仅可以快速了解陶瓷原料、坯料等物质的内部结构特点，并且还能对产品烧成缺陷及其坯料的热反应特性结合现行的生产工艺过程来加以分析，从而在原料使用和坯料处理以及烧成控制上有针对性地采取措施以达到提高产量、质量的效果。但是，热分析方法在陶瓷材料及制品的显微结构的晶相、玻璃相及气孔、晶界结构、微裂纹的数量、大小、分布等方面显得力不从心。

8.2　日用陶瓷检测

日用陶瓷包括餐具、茶具、炊具、包装器皿等，是日常生活中人们必不可少的生活用品。它们与人们的身体健康和生活质量息息相关，其质量和安全性能受到了人们的普遍关注，各国制订了相应的标准。我国从标准化管理的角度出发，20 世纪 80 年代初开始，也相继起草了一系列陶瓷标准。这些标准规范了陶瓷的质量和安全卫生指标，也是对日用陶瓷的检测的要求。日用陶瓷检测的主要项目和引用标准见表 8-2-1。

表 8-2-1　日用陶瓷检测的主要项目

检测项目	检测标准与方法
外观质量	GB/T 3532　日用瓷
铅、镉溶出量	GB/T 3534　日用陶瓷器铅、镉溶出量试验方法 美国 ASTM C738　从上釉陶瓷表面萃取铅和镉的试验方法 ISO 6486/1　与食物接触的陶瓷制品铅、镉溶出量检验方法 GB/8058　陶瓷烹调器铅、镉溶出量允许极限和检测方法
吸水率	GB/T 3299　吸水率试验方法
抗热震性	GB/T 3298　抗热震性试验方法
釉面硬度	QB/T 3731　日用陶瓷器釉面维氏硬度测定方法
光泽度	GB/T 3295　陶瓷制品45°镜向光泽度试验方法
白度、色差	QB/T 1503　日用陶瓷白度、色差试验方法
微波炉适应性	GB/T 3532　日用瓷器、微波炉适应性测定
冰箱到微波炉适应性	GB/T 3532　日用瓷器、冰箱到微波炉适应性测定
冰箱到烤箱适应性	GB/T 3532　日用瓷器、冰箱到烤箱适应性测定
耐机洗性能试验	EN12875—1：2005 器皿的耐机洗性测定

8.2.1　规格尺寸的测定

日用陶瓷的外观质量是指产品外观尺寸是否规整，釉层是否光洁、美观等。本节只介绍规格尺寸的测定。采用标准：GB/T 3532—2009，日用陶瓷器口径误差、高度误差、重量误差、缺陷尺寸的测定方法。

1. 测量工具

经钢尺检验，玻璃平板与钢尺之间无明显缝隙的玻璃板一块；根据被测制品所要求的测量精度，选择测量精度高一个数量级的量具及衡器。容量刻度经检验合格的 500 mL、1 000 mL 量筒各一只。

2. 容积的测定

（1）测量方法：将制品放在水平台上，注水至水面达到规定的高度，用量筒测量注入水的容量即为制品的容积。

（2）注入水面高度的规定：壶类、盖杯类制品注入水面的高度以注满水并盖后水不溢出为准；碗、无盖杯、盘碟类制品注至溢出面。

3. 口径误差的测定

（1）口径测量方法　将钢直尺平放于被测制品的口沿上，一端与制品的外口沿对齐，通过圆心使另一端与制品外口沿对齐的刻度线即为该制品的口径。

（2）口径误差按下式计算：

$$R_d = \frac{\dfrac{D_{max} + D_{min}}{2} - D_s}{D_s} \times 100\%$$

式中，R_d 为口径误差（%）；D_{max} 为最大直径；D_{min} 为最小直径；D_s 为标准直径。

口径大于 200 mm 的允许误差为 ±1.0%，口径在 60～200 mm 的允许误差为 ±1.5%，口径小于 60 mm 的允许误差为 ±2.0%。

4. 高度误差的测定

（1）高度测量方法：将测量制品平放于玻璃板上，制品底部至口缘（不包括盖）的距离与钢直尺对应的刻度线即为该制品的高度。

（2）高度误差按下式计算：

$$R_h = \frac{\dfrac{H_{max} + H_{min}}{2} - H_s}{H_s} \times 100\%$$

式中，R_h 为高度误差（%）；H_{max} 为最大高度；H_{min} 为最小高度；H_s 为标准高度。

此时，高度允许误差为 ± 3.0%。

5. 质量误差的测定

（1）质量称重方法视制品的大小及精度要求选用合适的称量仪称出质量。

（2）质量误差按下式计算：

$$R_W = \frac{W - W_s}{W_s} \times 100\%$$

式中，R_W 为质量误差（%）；W 为制品质量；W_s 为标准质量。

如有的制品的标准口径、标准高度、标准质量值不确定时，则可通过测量不少于 8 件制品（规格误差不得超过该产品的产品标准要求）的算术平均值作为该制品的标准值代入上述公式计算。

此时质量允许误差为 ± 6.0%。

6. 缺陷测量与观察方法

（1）以直径度量的各种缺陷。如出现椭圆或不规则的形状时，其直径按下式计算：

$$D = \frac{D_1 + D_2}{2}$$

式中，D 为直径；D_1 为最长直径；D_2 为最短直径。

（2）以长度或宽度度量的各种缺陷。按最长或最宽处测定。

（3）以面积计算的各种缺陷，如出现不规则形状时，以其外形最近似的形状（如圆、方、三角、四边形等）计算其面积。

（4）以深度度量的各种缺陷均按最深处至表面垂直距离计算。

（5）无尺寸幅度规定的缺陷的鉴别。

在正常光照下，将制品有缺陷的正面，置视距 500 mm 处以目视鉴别。

8.2.2　吸水率的测定

日用陶瓷吸水率为样品充分浸水后对比干燥样品质量的增加百分率，通常以百分数表示。在日用陶瓷生产中通常用吸水率来反映陶瓷产品的烧结程度，即成瓷性的优劣。测定陶瓷原料与坯料烧成后的吸水率，可以确定其烧结温度与烧结范围。陶瓷材料的机械强度、化学稳定性和热稳定性等与其吸水率有密切关系。

测定采用标准：GB/T 3299—2011，日用陶瓷器吸水率测定方法。

1. 测定原理

日用陶瓷试样在真空或煮沸条件下吸水至饱和，使试样质量增大，增大的质量与干燥试样质量之比为吸水率。

2. 测试仪器、设备

感量为 0.001 g 的天平一台；温差能控制在士 5 ℃ 的烘箱一台；真空度不低于 0.095 MPa 并能保持 60 min 的真空装置一套，要求能容纳所要求数量的试样；煮沸装置一套；装有变色硅胶的干燥器一只；蒸馏水或去离子水；，表面平整的全棉棉布（见图 8-2-1）。

3. 样品数量和制备

试样要同一批具有代表性的制品 3 件，在每件制品的底部取 2 块无纹试样，各试样总表面积基本相等，对不能取出 2 块试样的制品可以只取 1 块试样。磨去釉坯结合层和尖利边角，磨后重约 10 g 左右。对磨后的试样达不到 10 g 左右的，应尽可能保持最大质量。将试样上的磨料和磨耗物冲洗干净。

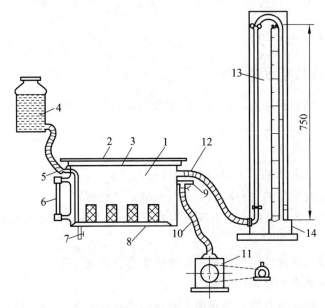

图 8-2-1　抽真空装置

1—真空容器；2—盖子；3—垫圈；4—液体；5—开关；6—水位仪；7—排液口；8—试样；9—排气口；
10—连接管；11—真空泵；12—压力计接口；13—压力计；14—水银槽

4. 测试步骤

（1）将试样放入烘箱中于 110 ℃ ± 5 ℃ 下干燥至恒重，并于干燥器中冷却至室温。称量试样的质量 m_0，精确至 ± 0.001 g。

（2）吸水饱和。

① 煮沸法。

将试样放在盛放有蒸馏水或去离子水的煮沸装置中，试样间及试样与煮沸装置互不接触，加热水至沸腾并保持煮沸 3 h，煮沸期间应保持水面高出试样 10 mm 以上，停止加热并使试样浸泡在水中冷却至室温。

② 真空法（仲裁法）。

将试样同时置于真空容器内，试样之间、试样与真空容器互不接触，抽真空达到

0.095 MPa 后，向真空容器中缓慢注入蒸馏水或去离子水，直到水面高于试样 10 mm 以上，维持 0.095 MPa 真空 1 h。

（3）从蒸馏水中取出试样，用已吸水饱和的布揩去试样表面附着水，迅速在天平上称量试样的质量，记为 m_1，精确至 0.001 g。

5. 结果计算方法

试样吸水率 w 按下式计算，用质量分数表示（%）：

$$w = \frac{m_1 - m_0}{m_0} \times 100\%$$

式中　m_0—— 干燥试样质量，g；
　　　　m_1—— 试样吸水饱和后质量，g。

8.2.3　抗热震性的测定

抗热震性是指陶瓷材料承受温度剧烈变化而不破坏的性能。日用陶瓷器的抗热震性取决于坯釉料配方的化学组成、矿物组成、相组成及显微结构。由于瓷质内外层受热不均匀，坯与釉的热膨胀系数差异而引起热应力，当热应力超过强度时，出现开裂现象。一般陶瓷的热稳定性与抗张强度成正比，与弹性模量成反比。而导热系数、热容、密度也在不同程度上影响抗热震性。釉的抗热震性在较大程度上取决于釉的热膨胀系数。要提高瓷器的抗热震性，先要提高釉的抗热震性。瓷胎的抗热震性则取决于玻璃相、莫来石、石英及气孔的相对含量、粒径大小及其分布状况等。陶瓷制品的热稳定性在很大程度上取决于坯釉的适应性，所以它也是带釉陶瓷抗后期龟裂性的一种反映。

1. 测定原理

使陶瓷制品接受外界温度的急剧变化，观察制品是否裂纹或破损，确定其抗热震性能。

日用陶瓷（包括日用瓷器、炻器、陶器）抗热震性测定，国家标准规定的方法为：将陶瓷样品在规定的温度下受热并保温一定时间，然后迅速投入 20 ℃ 水中冷却，观察样品是否出现裂纹或破损。

采用标准：GB/T 3298—2008，日用陶瓷器抗热震性测定方法。

2. 仪器与用具

可控制温度的电加热设备：有足够升温速度，保证试样放入后 15 min 内温度升高到测试温度，可控工作区域的温差不超过 ±5 ℃（见图 8-2-2）。

流动水槽：可保持温度（20±2）℃ 流水的水槽，水槽内水与试样的质量比大于 10∶1，试样投入水中后，水面应高出试样至少 20 mm，水温增加不应超过 4 ℃。

样品筐、试样夹具、染色溶液（墨水、甲基蓝溶液等）、刷笔若干。

3. 取样规定

同一生产批的规格相同、器型相同 5 件产品，试样不应有裂纹、破损等缺陷。

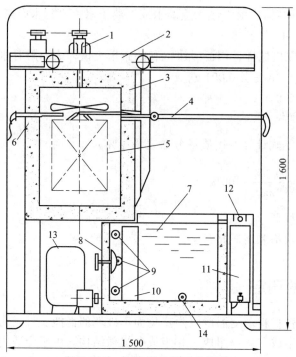

图 8-2-2　抗热震性测定仪结构

1—搅拌风扇；2—炉门小车；3—加热炉；4—拉料挂料车；5—样品筐；6—热电偶；7—恒温水槽；8—搅拌水轮；
9—水加热器；10,11—换热器；12—淋水管；13—压气机；14—水温传感器

4. 测试步骤

（1）试样表面涂上合适的染色溶液，稍干后用布抹净染色溶液。用肉眼（也可带上眼镜），在距试样 25～35 cm 光源照度约 300 lx 的光照条件下，观察试样是否有裂纹或破损等缺陷，所有试样应无裂纹或破损。

（2）开启加热炉，依据各类产品标准对抗热震性要求设定控制温度。

（3）开启流动水槽温度控制系统。

（4）将符合规定的 5 件试样固定在样品筐内的四周或试样夹上（试样之间不能互相重叠），固定物与试样的接触尽可能少，以便保留足够空隙使流动水自由通过。

（5）加热炉和流动水槽控制温度均达到规定要求后，把装有样品的样品筐或试样夹具水平地放入加热炉内，待温度上升到测定温度后，保温 30 min。

（6）保温结束后，将样品在 15 s 内垂直投入（20±2）℃水中，浸泡 10 min。此时水面应高出试样至少 20 mm，水温增加不应超过 4 ℃。

（7）取出试样擦干水，涂上合适的染色溶液，稍干后用布抹净染色溶液。用肉眼（也可带上眼镜），在距试样 25～35 cm 光源照度约 300 lx 的光照条件下，观察试样是否有裂纹或破损等缺陷。静置 24 h 后再复查一次。

5. 测定结果

5 件被测试样若有 2 件或 2 件以上出现裂纹，不再重复测定；若 1 件出现裂纹时，则可取另 5 件样品复测一次。按本方法测定，达到产品标准质量要求的制品为合格。报告应包括

下列内容：试样名称（种类、规格）；试样件数、测定温度、测定次数；每次开裂件数、裂纹部位及长度（mm）。

8.2.4　釉面硬度的测定

陶瓷器釉面硬度可用莫氏硬度或维氏硬度表示。莫氏硬度应用划痕法将棱锥形金刚钻针刻划被测试样的表面，形成而划痕，将测得的划痕的深度分十级来表示硬度。维氏硬度将相对面夹角为 136° 的正四棱锥金刚石压头以一定的载荷压入试样表面，保持一定的时间后卸除试验力，所使用的载荷与试样表面上形成的压痕的面积之比。

釉面硬度是日用瓷一个重要指标，硬度高则餐具瓷的釉面能承受刀叉的经常磨刻而不致出现刻痕。釉面硬度与釉面的化学组成，烧成温度及显微结构有关。石英含量较高的釉料在较高的温度中烧成，可以获得较高的硬度。适当添加氧化铍、氧化镁、氧化锌、三氧化二硼、三氧化二铝等都可提高釉面的硬度。增加碱金属氧化物含量将降低瓷器的釉面硬度。

测定采用标准：QB/T 3731—1999，日用陶瓷器釉面维氏硬度测定方法。

1. 测定原理

利用显微硬度计通过光学放大，测出在一定负荷下由金刚石棱锥体压头在被测试样上压出压痕，用仪器的读数显微镜测出压痕的对角长度，再按公式计算出表示维氏硬度的数值。

2. 仪器设备

（1）显微维氏硬度计（见图 8-2-3）。该硬度计由壳体、升降系统、工作台、加荷机构、光学系统和电子部分组成。其他显微硬度计如 KX—1000 等也可以采用。

（2）抛光设备。

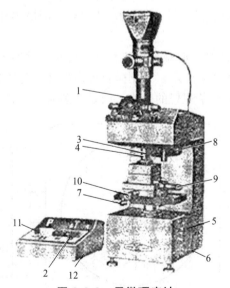

图 8-2-3　显微硬度计

1—视度调节圈；2—电器箱开关；3—金刚钻压头；4—物镜；5—手轮 6，7—手柄；8—转动变荷圈；
9—左右移动手柄；10—前后移动手柄；11—旋钮；12—电器箱

3. 测定步骤

（1）压痕。

① 安置试样：将陶瓷试样按要求选择适当的装夹工具，并安置在仪器的工作台上。打开显示器左侧的开关，并将工作台移至左端。

② 调焦：由于显微硬度计的物镜倍数高，而高倍物镜的景深比较小，仅 1～2 μm，为此，可以先找一块比较平整而粗糙度不太高的试样进行训练。先将试样调到与物镜端面近似于接触，再将手轮 5 反转，往下调约一圈，再往上略微调节手轮 5，在视场内可见到试样的表面像。当操作熟练后，可以直接进行调焦。先转动手柄 6 使试样升高至离物镜面约 1 mm 处，随后缓慢转动手轮 5，可以看到视场逐渐变得明亮，先看到模糊的灯丝像，然后再看到试样的表面像，一直调到最清晰为止。若发现测微目镜内十字叉线不清晰，应先调节视度调节圈 1。对于不同的操作者，由于视度不一致，因此需旋动视度调节圈 1，患有近视眼的操作者应往里调，远视眼则相反，调至最清晰位置，再进行调焦。

③ 转动工作台上纵横向微分筒，在视场里找出试样的需测试部位。

④ 扳动手柄 7 使工作台移至右端，这时试样从显微镜视场中移到了加荷机构的金刚石角锥体压头下面（注意：移动时必须缓慢而平稳，不能有冲击，以免试样走动）。

⑤ 加荷：选择一个保荷时间（一般为 15～30 s），再按电动机启动按键 2 进行加荷，当保荷时间数码管开始缩减时，表示负荷已加上，至数码管中出现“0”或“1”，电动机自动启动进行卸荷，卸荷完毕后数码管中又回复为原来数字。

⑥ 加荷完毕后将工作台放回原来位置，进行测定。

⑦ 如需精确地测定指定点的硬度，可以先试打一点。在理想的情况下，痕应落在现场的中心位置；但往往压痕与视场中心有一个偏离，若偏离不大，是允许的。试打后，记下压痕与叉丝的偏离大小与方向，然后以此位置为准打定点。有时为了精确地打定点，可将测目镜转过一个角度，并旋动测微鼓轮，使叉线中心与试打的压痕中心重合，以后再打的压痕就会落在分划板的叉线中心。在确定压痕位置时切不可旋动工作台的测微螺杆，以免变动压痕原始位置。

（2）压痕测量。

① 瞄准调节工作台上的纵横向微分筒和测微目镜左右两侧的手轮，使压痕棱边和目镜中交叉线精确地重合，如图 8-2-4 所示。若测微目镜内的叉线与压痕不平行，则可转动测微目镜使之平行。有时棱边不是一条理想的直线，而是一条曲线，瞄准时应以顶点为准。

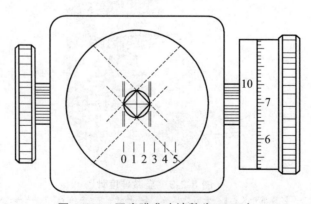

图 8-2-4　压痕瞄准（读数为 2659）

② 读数视场内见至 0，1，2，…，8 单位是 mm，读数鼓轮刻有一百等分刻线，每格为 0.01 mm，每转一圈为 100 格，视场内双线连同叉线移动一格；读鼓轮旁边刻有游标，每格数为 0.001 mm。因此，可以读得 4 位数。若在视中看到压痕不是正方形的，那么应将测微目镜转过 90°。重复上述方法，读得另一角线的长度。两个不等的对角线的平均值即为等效正方形的对角线长。

③ 求对角线的实际长度。

从测微目镜读取的值，是通过物镜放大的值，压痕对角线的实际长度为 $d = N/V$，式中 d 为压痕对角线的实际长度，N 为测微目镜上测得的对角线长度，V 为物镜的放大倍率（本机所用的物镜倍率已经修整为 40 倍）。

图 8-2-4 中压痕的对角线实际长度为 $d = \dfrac{N}{V} = \dfrac{2.659}{40} = 0.066\,5$（mm）$= 66.5\ \mu m$

压痕对角线的实际长度还可以用另一种方法求得，先求测微目镜的格值，然后将测微目镜上测得的对角线长度的格数与格值数相乘就得出压痕对角线的实际长度。测微目镜的格值 $= 0.011$ mm$/40 - 0.000\,25$ mm $= 0.25\ \mu m$。图 8-2-4 中的压痕的对角线实际长度 $d = 0.25\ \mu m \times 265.9 = 66.5\ \mu m$。

4. 硬度计算

根据施加的载荷与测量的压痕对角线尺寸，按下式计算维氏硬度值：

$$H_V = \frac{2P\sin\dfrac{\alpha}{2}}{d^2} = \frac{1.854\,4P}{d^2}$$

式中，H_V 为维氏硬度值（kg·mm^{-2}）；α 为金刚石压锥二相对面之间的夹角（136°）；P 为载荷（kg）；d 为压痕对角线平均长度（mm）。

5. 测定报告

报告应包括下列内容：试样名称（种类、规格）；测定温度、测定次数；测定载荷及保压时间。以各点测量结果的算术平均值作为釉面显微硬度，硬度值常换算为 GPa 表示，至少以 5 个有效数据计算平均值和标准偏差。

8.2.5　光泽度的测定

瓷器的光泽度与釉层表面的平整光滑程度和折射率有关，它取决于光线在釉面产生镜面反射的程度，是成瓷产品的重要表观质量指标之一。如果釉层表面光滑，反射效应强烈，则光泽度好。为了获得高光泽度的陶瓷釉面，常常在釉料组成中增加折射率大的组分，提高反射系数，如铅基釉在合理的烧成温度下，使釉料铺展成光滑的高光泽釉面。测定陶瓷釉面的光泽度，一般采用光电光泽度计。

测定采用标准：GB/T 3295—1996，陶瓷制品 45°镜向光泽度试验方法。

1. 测定原理

光线照射在材料表面上，可以发生镜面反射与漫反射，镜面透射与漫透射。其中具有明确方向性的反射光线，称之为镜面反射，镜面反射的分数决定了陶瓷釉面的光泽度。材料表面对光的镜面反射主要取决于表面粗糙度和材料的反射系数。对于陶瓷釉面，其粗糙度与工艺因素有关，反射系数则取决于材料性质——折射率。用光电池测量照射在釉表面镜面反射方向的反光量，并规定折射率 $N = 1.567$ 的黑色玻璃的反光量为 100%，将被测陶瓷釉面的反光能力与此黑色玻璃的反光能力相比较，得到的数据即为釉面的光泽度。由于陶瓷釉面的反光能力比黑色玻璃强，所以陶瓷釉面的光泽度往往大于 100。

2. 测量仪器

光电光泽度计：几何角为 45°，仪器稳定度不超过 ±0.4 光泽单位，示值误差不超过 ±1.2 光泽单位。

标准板：高抛光的折射率 $N = 1.567$ 的黑色玻璃板。工作标准板采用表面平整、均匀、耐磨性好的陶瓷板或黑色玻璃板，每年至少校正一次；如果达不到规定的参数值，则应换用新的标准板。

3. 测量条件和试样

测量要求在光照强度不大于 20 lx 的环境中进行。试样取表面无明显凹凸不平、翘曲或裂纹的制品 3 件。

4. 测定步骤

（1）仪器安放。把读数器安放在不受振动的固定平台上，把读数器和测头灯管的导线连接，接上电源，拨开读数器上的电源开关，用擦镜纸把标准板表面灰尘擦净，然后将测头安放在标准盒的边框内。

（2）仪器调零。将参数调节旋钮反时针方向调到零位，然后转动读数器上的调节旋钮，使光点对准标准尺的零位。

（3）调标准板参数。连接测头硒光电池与读数器的导线，旋钮读数器上的参数调节旋钮，使光点在标度尺上对准标准板的规定参数。

（4）光泽度测量。将测头移放到经擦镜纸擦净的试样表面规定的部位上，这时读数器光点在标尺上所对准的刻度即为测定的光泽度。

每件试样表面各测 5 个点，尽量使测量面与测量窗口工作面接触。

5. 试验结果

以每组试样的算术平均值作为该试样的光泽度值。若单个测量值与平均值的偏差大于 10% 时，舍去该值，必要时，记录平均值和极限值，保留至小数点后一位数字。

6. 测定报告

报告应包括下列内容：试样名称（种类、规格）；试样件数、测定温度、测定次数；光泽度算术平均值和标准偏差。

8.2.6　白度的测定

日用陶瓷的白度是重要的质量指标，特别是出口产品，白度是其必需的条件之一。白度，就是物体对白光漫反射的能力。光线照射在陶瓷表面上，漫反射的分数决定了陶瓷表面的白度。由于陶瓷原料中铁、钛等杂质含量的不同，烧成时的气氛也不相同，导致陶瓷产品均带有一定的色调。考虑到产品的不同色调，在可见光谱区，光谱漫反射比均为 100%理想表面的白度为 100 度，光谱漫反射比均为零的绝对黑表面白度为 0°。采用标准规定的条件分色调类型公式计算出白度和彩度。

测定采用标准：QB/T 1503—2011，日用陶瓷白度测定方法。

1. 测定原理

使用标准规定的条件，测定试样的三个刺激值。按规定的分色调类型公式计算，可得试样的白度和彩度。

2. 仪器设备

（1）白度计：满足以下条件：

① 采用 CIE（国际照明委员会）1964 补充标准色度系统；

② 采用 CIE 标准照明体 D_{65}，标准几何条件为 O/d（垂直/漫反射）或 d/O（漫反射/垂直），O/d 为仲裁条件。

③ 白度测定的示值误差不大于 1.0°。

（2）粉末压样器。

（3）标准白板和工作白板：标准白板白度应大于 87°；工作白板为表面平整、无刻痕和无疵点的有釉白色陶瓷板，其白度值应在 80°左右，必要时可用标准白板进行校正。

3. 试　样

（1）粉末试样（主要指陶瓷原料）：按各自有关产品标准规定的取样方法取样，测定前，样品应过孔径为 0.104 mm 筛，在 105~110 ℃ 干燥 1 h 后，置于干燥器中冷却至室温后备用。测定时，取一定量粉体注入压样器中，压制成表面平整、无裂纹、无孔点的试样板。

（2）日用陶瓷器试样：试样 3 件，平整面大小应满足仪器探头的测定要求。试样待测面必须清洁、平整、无彩饰、无裂纹及其他伤痕。

4. 测定步骤

（1）按仪器的操作规程，预热稳定仪器。

（2）用工作白板校准仪器。

（3）按仪器说明书的操作步骤逐件对试样表面进行测量。

（4）测定色差时，还须对第一件试样进行测量，以取得试样间的色差。

5. 计算公式

（1）根据测得的 X，Y，Z 三刺激值计算色品坐标、明度指数和色品指数：

$$x = X/(X+Y+Z)$$
$$y = Y/(X+Y+Z)$$
$$z = X/(X+Y+Z)$$
$$L^* = 116(Y/Y_n)^{1/3}$$
$$a^* = 500[(X/X_n)^{1/3} - (Y/Y_n)^{1/3}]$$
$$b^* = 500[(Y/Y_n)^{1/3} - (Z/Z_n)^{1/3}]$$

式中　X，Y，Z ——X 刺激值、Y 刺激值和 Z 刺激值；

　　　x，y ——色品坐标；

　　　a^*，b^* ——均匀色品指数；

　　　L^* ——明度指数；

　　　Y_n，Y_n，Y_n —— CIE1964 标准照明体 D_{65} 的三刺激值：

　　　$Y_n = 94.81$，$Y_n = 100.00$，$Y_n = 107.32$。

（2）按 GB/T 7921 色调公式计算试样的色调角 h_{ab}：

$$h_{ab} = \mathrm{arccot}(b^*/a^*)$$

当 $135° \leqslant h_{ab} < 315°$ 时，为青白；当 $h_{ab} < 135°$，$h_{ab} \geqslant 315°$ 时，为黄白。

（3）分色调计算试样的白度值 W。

① 当 $35° \leqslant h_{ab} < 315°$ 时，按下式计算青白试样的白度值：

$$W = 250Y(x - x_n) + 3(y - y_n)$$

式中，$x_n = 0.313\,8$，$y_n = 0.331\,0$。

② 当 $h_{ab} < 135°$，$h_{ab} \geqslant 315°$ 时，按下公计算黄白试样的白度值：

$$W = Y + 818(x - x_n) - 1\,365(y - y_n)$$

（4）按 GB/T 7921 彩度公式计算试样的彩度 C_{ab}^*：

$$C_{ab}^* = (a^{*2} + b^{*2})^{1/2}$$

（5）按 GB/T 7921 彩度公式计算两被测试样间的色差 ΔE_{ab}^*：

$$\Delta E_{ab}^* = [(\Delta L^*)^2 + (\Delta a^*)^2 + (\Delta b^*)^2]^{1/2}$$

式中　ΔL^* ——两被测试样对应的明度指数的差值；

　　　Δa^*，Δb^* ——两被测试样对应的色品指数的差值。

6. 结果表示

（1）陶瓷产品的白度以 W 表示，陶瓷产品的彩度以 C_{ab}^* 表示；

当 $C_{ab}^* \leqslant 4.0$ 时，为无彩色；当 $C_{ab}^* > 4.0$ 时，为有彩色。

（2）陶瓷产品的色调以 h_{ab} 表示：

当 $a^* > 0$，$b^* > 0$，h_{ab} 为 $0° \sim 90°$，为由红色调到黄色调；

当 $a^*<0$，$b^*>0$，h_{ab} 为 90° ~ 180°，为由黄色调到绿色调；

当 $a^*<0$，$b^*<0$，h_{ab} 为 180° ~ 270°，为由绿色调到蓝色调；

当 $a^*>0$，$b^*<0$，h_{ab} 为 270° ~ 360°，为由蓝色调到红色调。

以上结果可由图 8-2-5 的示意图表示。

图 8-2-5　色品指标示意图

试样的白度、色调角及彩度和色差的测定结果均保留小数点后一位数字。

7. 测试报告

测试报告包括下列内容：试样名称、外观特性及测量部位；三试样的色调角、白度和彩度；测定中其他应说明的情况。

8.2.7　铅、镉溶出量的测定

出于对釉面光泽与助熔作用的考虑,在釉料与釉上颜料中常常使用铅与镉等重金属元素。含铅、镉的釉料及颜料在酸液作用下可溶性铅、镉会被溶出，如盛菜的盘、碗等，铅、镉会被菜中的草酸、醋酸溶解，随食物进入人体后不能排泄出来，长期积累至一定含量对人体健康造成危害。世界各国对铅、镉溶出量均有严格的限制标准。例如，中国高级日用细瓷产品质量标准中规定："与食品接触的产品表面画面铅溶出量不得超过百万分之七（ ≤7 mg·kg^{-1})"，欧美等国家对此有更严格的要求。要使含铅的釉料、彩料的铅溶出量等于零几乎是不可能的，但是可以采取适当措施使铅溶出量降到最低限度。关键是提高釉料与彩料的化学稳定性，使铅与其他组成生成耐酸的稳定化合物或稳定玻璃体。

日用陶瓷含铅、镉量的检测方法一般采用溶出法。

测定采用标准：GB/T 3534—2002，日用陶瓷器铅、镉溶出量的测定方法。

1. 测定原理

在避光条件下，用 4%（体积分数）乙酸溶液于（22±2）℃温度下，浸泡 24 h±20 min，萃取陶瓷制品表面溶出的铅和镉，用原子吸收分光光度计进行测定。

2. 化学试剂

硝酸铅：优级纯；氧化镉：优级纯；冰乙酸：分析纯，密度为 1.05 g·cm^{-3}，避光保存；4%乙酸溶液：取 40 mL 冰乙酸用蒸馏水稀释至 1 000 mL（使用时配制），分析过程中使用蒸馏水或离子交换水。

3. 标准溶液配制

（1）1 000 mg·L^{-1}铅标准溶液：精确称取经 105～110 ℃烘干 2 h 后的硝酸铅（1.598 0 ± 0.000 1）g 于 400 mL 烧杯，用 40 mL 冰乙酸温热溶解后，冷却，移入 1 000 mL 容量瓶中，用蒸馏水稀释至刻度，摇匀备用。

（2）100 mg·L^{-1}铅标准溶液：准确移取浓度 1 000 mg·L^{-1}的铅标准溶液 100 mL 于 1 000 mL 容量瓶中，以 4%乙酸溶液稀释至刻度，摇匀备用。

（3）铅标准系列溶液：准确移取浓度为 100 mg·mL^{-1}的铅标准溶液 0.0、0.5、1.0、2.0、3.0、4.0、5.0 、6.0、7.0 Lm 分别置于 100 mL 容量瓶中，以 4%乙酸溶液稀释至刻度，摇匀备用。该溶液每毫升分别含铅 0.0、0.5、1.0、2.0、3.0、4.0、5.0、6.0、7.0 μg。

（4）1 000 mg·L^{-1}镉标准溶液：精确称取经 105～110 ℃烘 2 h 后的氧化镉（1.142 3 ± 0.000 1）g，置于 400 mL 烧杯，用 40 mL 冰乙酸温热溶解后，冷却，移入 1000 mL 容量瓶中，用蒸馏水稀释至刻度，摇匀备用。

（5）10 mg·L^{-1}镉标准溶液：准确移取浓度 1 000 mg·L^{-1}镉标准溶液 10 mL 于 1 000 mL 容量瓶中，以 4%乙酸溶液稀释至刻度，摇匀备用。

（6）镉标准系列溶液：准确移取浓度为 10 mg·L^{-1}镉标准溶液，0.00、0.50、1.00、2.00、3.00、4.00、5.00 mL 分别置于 100 mL 容量瓶中，以 4%乙酸溶液稀释至刻度，摇匀备用。该溶液每毫升分别含镉 0.00、0.05、0.10、0.20、0.30、0.40、0.50 μg。使用 4 周后应更换新溶液。

4. 仪器设备

原子吸收分光光度计，仪器灵敏度 1%铅（波长 217.0 nm）为 0.20 mg·L^{-1}或 1%铅（波长 283.3 nm）为 0.45 mg·L^{-1}，1%镉（波长 228.8 nm 时）为 0.02 mg·L^{-1}；铅、镉空心阴极灯；耐化学腐蚀且不含铅、镉物质的硼硅质玻璃或聚氯乙烯等类似器皿。

5. 试 样

（1）分类：按制品深度分为扁平制品和空心制品。扁平制品是指从制品内部最低平面至口缘水平面的深度小于 25 mm 的陶瓷器皿。空心制品是指从制品内部最低平面至口缘水平面的深度大于 25 mm 的陶瓷器皿。空心制品根据其容量大小又分为：容量大小等于 1.1 L 的大空心制品；容量小于 1.1 L 的小空心制品。

（2）取样选择表面积与体积比最高，与食物接触面彩色装饰最多的产品。被检试样不得有明显缺陷。

（3）从每批产品中分别随机抽取相同装饰的不同器型规格的 6 件产品进行检验。

（4）清洗试样用浸润过微碱性洗涤剂的软布揩拭表面，用水反复冲洗，然后用蒸馏水或相应纯度去离子水清洗干净，在无尘处干燥。清洗后的试样浸泡面不得用手触摸。

6. 测定步骤

（1）试样浸泡：距制品口沿（沿试样表面测量））5 mm 内有装饰颜色或容积小于 20 mL 的试样，用 4%乙酸溶液注至溢出口沿；其余制品注至离口沿 5 mm 处。必要时测定浸泡液的体积，准确到 ±3%

在（22±2）℃ 室温条件下，浸泡时间 24 h±20 min，用耐化学腐蚀且不含铅、镉物质的器皿将试样遮盖。为防溶液蒸发，在浸泡镉时应避免光照。

（2）萃取液的提取：用硼硅质玻璃棒将萃取液搅拌均匀（搅拌时应避免萃取液的损失），然后将混匀后的萃取液移入容器中保存，并尽快进行测定，以免溶液中的铅、镉被器壁吸附。

（3）按仪器说明书仔细调整仪器，使其灵敏度达到规定的要求。

（4）标准曲线法：

将铅（或镉）标准系列溶液，在原子吸收分光光度计上测量其吸光度，绘制吸光度-浓度标准曲线。同时，在仪器工作条件相同的情况下测量试样溶液的吸光度，直接由标准曲线上查得试样液中铅或镉的浓度。

（5）紧密内插法：

根据溶液大概含量取上、下紧密相邻的标准溶液与试样溶液同时比较测定，记下每份溶液 3 次以上吸光度（A）读数，取平均值，用下式计算：

$$C = \frac{A - A_1}{A_2 - A_1}(C_2 - C_1) + C_1$$

式中　C ——浸泡液铅或镉的含量，$mg \cdot L^{-1}$；

　　　A ——浸泡液铅或镉的吸光度；

　　　A_1 ——较低浓度标准溶液的吸光度；

　　　A_2 ——较高浓度标准溶液的吸光度；

　　　C_2 ——较高浓度标准溶液的浓度，$mg \cdot L^{-1}$；

　　　C_1 ——较低浓度标准溶液的浓度，$mg \cdot L^{-1}$；

铅结果精确至 0.1 $mg \cdot L^{-1}$，镉结果精确至 0.01 $mg \cdot L^{-1}$。

7. 检验报告

包括陶瓷器皿类型及名称、铅与镉的溶出量、参照的标准等。

8.2.8　微波炉适应性

现在微波炉用得很多，陶瓷产品在微波炉作用的时间下和最初的样品做比较：会不会发生变形、裂纹、变色等。

1. 测定原理

在规定的条件下，在对"适用于微波炉"的玻璃和陶瓷制品进行短时间及长时间加热后，通过进行产品表面的最高温度的测量和实验过程中的破损情况，对"适用于微波炉"的玻璃和陶瓷制品进行合格评定。

测定采用标准：GB/T 3532，日用瓷器：微波炉适应性测定。

2. 仪器设备

（1）有符合要求的微波炉，额定功率不小于 1 000 W。

（2）探头式数字表面温度计或符合要求的其他类型表面温度计，可读出产品某点温度，精度为 ±1 ℃。

（3）可装入 125 mL 水的硼硅酸盐容器或其他适用于微波炉的容器。

3. 试验步骤

（1）样品表面上色（在装有 1%亚甲基蓝水溶液或其他可清洗的有色溶液的水槽或清洗容器中浸泡样品，或直接将有色溶液刷或涂抹在样品表面），然后清洗干净。

（2）目测样品有无破损。

（3）将样品在温度（20 ℃±3 ℃）的水中浸泡 1 h，然后用布擦干。

（4）记录环境温度。

（5）在每个烧杯中注入 125 mL 水，将两个注水的烧杯放置于微波炉内后部，至少不干涉微波炉转盘。

（6）将样品放置在微波炉瓷盘的上边，设置微波加热时间为 2 min，开启微波炉。如果微波炉出现电弧立即关机，终止实验，并在测试报告注明测试时出现电弧，测试终止。

（7）加热完成后打开微波炉，用表面温度计测量样品表面的最高温度并记录数据，如若样品是有把柄的样品，应测试把柄温度（此过程必须在 45 s 内完成）。

（8）设置微波加热时间为 2 min，开启微波炉。如果微波炉出现电弧立即关机，终止实验，并在测试报告注明测试时出现电弧，测试终止。

（9）加热完成后重复步骤（7）将样品放在绝缘表面上自然冷却。

（10）上色和清洗样品。

（11）目测检查样品表面是否有破损、裂纹、脱色等损害并记录。

4. 测试报告

测试报告应包括以下内容：

（1）标识和样品的描述。

（2）采用的测试方法。

（3）样品的破损描述。

（4）其他相关的信息。

8.2.9　冰箱到微波炉适应性

1. 测定原理

模拟实际使用条件，将器皿冷冻后，用微波炉加热。通过检查样品的破损情况，对"适用于冷冻箱"、"适用于冷冻箱到微波炉"的玻璃和陶瓷进行合格评定。测定采用标准：

GB/T 3532，日用瓷器：冰箱到烤箱适应性测定。

2. 仪器设备

（1）微波输出功率不小于 600 W 的微波炉一台。

（2）可控制工作区域的温差在 ±3 ℃ 之内的冷冻箱一台。

3. 试验步骤

样品浸入温度为（20±3）℃的水中 1 h，取出用布将表面擦干。将已浸水、尺寸约为样品底部泡平面一半的海绵（形状与样品的底部一致，厚度不小于 15 mm）放置在样品上，迅速放入温度 −8 ℃的冷冻柜，待温度到达后保温 16 h，取出样品 45 s 内放在微波炉转盘中心进行微波加热[微波炉内的两角落分别放置 1 个装有（125±2.5）mL 水的容器，确保不会碰到转盘]，加热能量为 72 000 J，加热时间为能量除功率得出，精确到秒，加热完成后在 45 s 内放入温度为 −8 ℃的冷冻柜，待温度到达后保温 16 h，取出样品至室温，检查样品是否开裂。若试验过程中出现电弧，立即终止试验，并在报告中说明试验终止的原因是产生了电弧。

4. 测试报告

测试报告应包括以下内容：

（1）标识和样品的描述。

（2）采用的测试方法。

（3）样品的破损描述。

（4）其他相关的信息。

8.2.10　冰箱到烤箱适应性

1. 测定原理

模拟实际使用条件，将器皿冷冻后，用烤箱加热。通过检查样品的破损情况，对"适用于冷冻箱"、"适用于冷冻箱到烤箱"的玻璃和陶瓷进行合格评定。

测定采用标准：GB/T 3532，日用瓷器：冰箱到微波炉适应性测定。

2. 仪器设备

（1）冷冻箱，冷冻温度不低于 −5 ℃。

（2）烤箱，可设定温度为（240±10）℃。

3. 试验步骤

（1）样品表面上色（在装有 1%亚甲基蓝水溶液或其他可清洗的有色溶液的水槽或清洗容器中浸泡样品，或直接将有色溶液刷或涂抹在样品表面），然后清洗干净。

（2）目测样品有无破损。

（3）温度（20±3 ℃）的水中浸泡样品 1 h，用布擦干样品。

（4）将海绵块放入水中完全浸泡后取出，尽量自然流干海绵块中的多余水分。

（5）把湿的海绵块放入测试样中，填充 1/2～2/3 的体积，对于碟类，可以用海绵块覆盖测试样品表面 1/2～2/3 的面积。

（6）将覆盖有海绵的样品置于冷冻箱[2（1）]中，冷冻 24 h。

（7）从冷冻箱[2（1）]中取出样品，目测检查样品是否有破损或裂纹。

（8）在 45 s 内将覆盖有海绵的样品放入烤箱[2（2）]中，加热 20 min。

（9）从烤箱[2（2）]中取出样品，放在绝缘表面自热冷却。

（10）重复 3（1），目测检查样品是否破损。

（11）对于冷冻测试，完成 3（7）后，将样品在空气中解冻 15 min，重复 3（1），目测检测样品是否破损；对于冷冻箱到烤箱适应性测试，完成 3（7）后，继续进行 3（8）至 3（10）。

4. 测试报告

测试报告应包括以下内容：

（1）标识和样品的描述。

（2）采用的测试方法。

（3）样品的破损描述。

（4）其他相关的信息。

8.2.11　日用陶瓷产品耐机洗性能试验方法

1. 测定原理

在规定条件下，在对"适用于洗涤"的陶瓷制品进行低温及较高温度下反复洗涤后，通过进行产品实验过程中的破损情况测定，对"适用于微波炉"的陶瓷制品进行合格评定。

测定采用标准：EN12875—1：2005，器皿的耐机洗性测定。

2. 仪器设备

（1）耐机洗性能试验机。

（2）循环水装置。

（3）抽水机。

（4）探头式数字表面温度计或符合要求的其他类型表面温度计，精度为 ±1 ℃。

3. 试验步骤

（1）装载试验机。

试验机必须装满，如果有空余，则用代替物填充。确保在样品筐内的各样品不相互接触，试验过程中，样品的所有外表面必须充分接触水流；同时，样品的摆放不能在样品表面形成积水。

（2）循环过程。

① 预洗。

将水加入试验机内，让清水循环清洗 5 min，用抽水机排掉试验机机内的水。

② 清洗。

加入洗涤剂和水，加入（24±3）g 的洗涤剂到 6 L 水中。循环清洗 20 min，在这个过程中加热水，让水温到 60 ℃；停止加热，再进一步清洗 10 min，设定间隔时间，循环清洗，能够自动重复清洗不多于 100 次，并且自动记录循环次数。

③ 中间清洗。

将水加入试验机内，让水循环清洗 5 min，用抽水机排掉试验机内的水。

④ 最终清洗。

将水加入试验机内，让水循环清洗并加热水使其水温到达 65 ℃，当温度到达 40 ℃ ~ 45 ℃ 的时候，每 6 L 水加入 2.5 ~ 3 g 的冲洗剂，当温度到达指定温度后，用抽水机排掉试验机内的水。

⑤ 干燥。

在试验机干燥 10 min 后，自动打开试验机门干燥 30 min，系统自动结束循环。

4. 测试报告

测试报告应包括以下内容：

（1）标识和样品的描述。

（2）采用的测试方法。

（3）样品的破损描述。

（4）其他相关的信息。

8.2.12　日用陶瓷常见缺陷及分析

在陶瓷器的生产过程中，从原料至烧成经过多道工序，其中任何一道稍有疏忽都会造成制品的缺陷。陶瓷生产中常见的品质缺陷有几十种，高档日用陶瓷品质上应达到"五无"（无斑点、无落渣、无擦伤、无针孔、无色脏）、"一小"（变形小）、"一低"（铅溶出量低）"三光滑"（釉面光滑、花面光滑、毛口或底足光滑）。在总结生产实践经验的基础上，参考国内外有关标准，对各种品质缺陷进行归纳与分类，着重对一些主要缺陷的表征、产生原因进行分析讨论。至于克服办法，则大体可根据缺陷产生的原因去采取相应的措施，下面就陶瓷器常见缺陷的产生原因进行分析。

1. 变　形

变形是指物体在外力作用下发生屈服应变的现象。当外力超过材料的屈服极限，就会发生变形以至断裂。瓷器变形就是制品和设计的形状明显不符，表现出翘扁、软塌、倾斜、坐肩、启戈肚、底板翘、闪边沿、凹凸底等。陶瓷制品的变形是目前比较普遍存在的缺陷。因此，找出变形的原因，采取相应的工艺技术和管理措施来克服变形缺陷，是陶瓷生产中重要的一环。变形缺陷不仅与原料配方、成型、高温烧成等工序有关，还与人为的操作及管理有关。总之，变形的原因是错综复杂的。装窑不当，钵体不正，匣钵底不平，烧成温度过高是造成变形的主要原因。改善的方法是采取合理的装钵及装窑方法，选择适宜的烧成温度。通过制品装钵时放置垫饼，使垫饼与制品的高温收缩一致，有利于克服变形。

瓷坯配方对变形的影响在烧成之前不易发现，一经高温烧成则显露出来。高温时，瓷坯中液相的黏度和数量基本上决定了坯体变形的倾向。烧成温度窄的坯体，烧成控制稍不注意就会引起过烧变形。坯体配方中溶剂量过多，则烧结时，坯体内形成的液相量也越多，因此变形倾向就越大。如果坯料内引入较大量的可塑性黏土，则由于干燥收缩大也易引起变形。

经过真空练泥机加工的泥团，因其颗粒定向排列，泥段中潜伏下应力，这些应力在高温烧成中释放出来，使坯体各部位呈不均一性收缩，从而引起坯体变形。因此，采取逐级挤出法进行真空练泥。例如：第一次挤出直径为 120 mm，第二次挤出直径为 170 mm，第三次挤出直径为 40 mm，第四次挤出直径为 25 mm，这样可以获得比较均一性的泥段，有利于克服变形。

成型时要求石膏模必须正中地固定在成型机座上，投泥要掷在石膏模的中心位置。成型时，作用力要缓慢的增加，并均匀分布，避免突然作用。对机械作用非常敏感的高塑性泥料，成型时尤其要注意。成型时如投泥不正，则坯体一半致密一半疏松，内部不均一，在高温下由于收缩率的差异引起变形。成型时所采用的石膏模，要求规整，各部分的致密度和吸水率要均匀，防止坯体局部先离模。成型后的制品在干燥时要放正放平，以自然脱模为好。如果强制脱模，外加的作用力使坯体潜伏下应力，在高温时因应力的释放而导致制品变形。

变形的主要原因之一是制品各部位收缩不一致。制品的器形和结构的不合理将引起收缩的不均匀。瓷器制品的造型一般是许多简单的几何形状的结合，而各个简单几何形状都有各自的收缩中心。如果造型设计不合理，制品各部分厚薄相差甚多，在过渡的部位会产生应力。当应力超过坯体强度时，则发生开裂；如应力小于坯体强度，则导致制品变形。在低于坯体烧成温度的较高温度下，坯体在其本身重力的作用下，随着时间的延续，产生显著的而持续改变的塑性变形（即"蠕变"），如壶类、杯类等产品的器型设计不合理时，在高温阶段，杯口、壶口往往会被杯把或壶把、壶嘴拉成椭圆形。为了克服变形和开裂，在设计形状复杂的制品时，一定要避免出现尖角轮廓，合理的器型设计是克服变形的有效措施之一。综上所述，变形产生的原因有以下几点：一是配方选择不当；二是坯泥含水率过高；三是坯体装套不正；四是造型设计不合理。

预防变形的措施主要有：

（1）优化配方，寻求优质的原材料，在保证泥料的工艺性能的前提下，减少坯体的收缩。注意合理的坯料颗粒级配，加强精练泥的质量控制，提高泥料的真空度，消除颗粒取向的影响。

（2）选用先进的滚压方式成型，提高坯体的致密度，降低收缩率。

（3）干燥坯体受热要均匀，厚薄要均匀，要正确调节烘房温度和升温制度，以保证干燥效果。

（4）石膏制作质量要好，要保证内在质量；模型要规整；干燥制度要合理。

（5）重视辅助材料的质量，器型设计要规整，注意力的平衡和工艺过程的特点，抵制或减少变形的不利因素。

2. 裂　纹

瓷器由于升温过急或温度剧变而引起坯体内外收缩不均匀，产生破坏应力，当破坏应力超过制品强度时，即可造成开裂缺陷。因此，必须根据坯体在加热过程中线性变化曲线的特点，正确制定烧成制度。对壁厚的大件制品，要严格控制升温速度和冷却速度，切不可操之过急。

上釉后的生坯有时在搬运过程中被碰伤而产生细微的裂纹，这些细微的裂纹在未烧之前不易被发现，在高温中应力释放则暴露出来。

滚压成型产品，投泥饼入模过重，使底部泥料组织不均匀、压力不均匀、滚头润滑不好，造成裂纹。

在未烧之前就被碰、坯体入窑水分过高或预热带升温太急等所造成的裂纹，经过烧成裂缝崩开，但被釉层覆盖，则裂口端面光滑；而因冷却太快所造成的裂纹，则裂口锋利。

对于有壶把、壶嘴、杯把等配件的制品，坯体厚薄应均匀，装配件的大小与黏结位置应恰当。为了避免开裂，可以在黏结的泥浆中适当加入 10% ~ 15% 的釉料，使装配件与主体很好的熔合在一起。

通常把釉面有头发丝粗的裂纹，称为"惊釉"；坯、釉都裂的称为"惊裂"。造成"惊釉"和"惊裂"的主要原因是坯釉膨胀系数相差太大，尤其是膨胀系数过大、釉层太厚，而在冷却阶段 750 ~ 550 ℃ 温度范围内冷却速度太快。

各类盘类、壶类、杯类器型的设计，必须注意各部分的厚度，即所谓定刀尺寸，如边、衬口、肚、根、底均须根据生产分别确定其厚度尺寸，克服变形和开裂。

3. 色　差

"色差"一词，顾名思义当为色调差异。色差产生的原因主要有：烟熏、生烧、过烧、还原气氛烧成的坯体中氧化铁含量过高，原料中水溶性含铁矿物以及烧成着色、颜色釉中色基因素、釉层厚度、釉浆性能、干坯吸釉性等因素均能影响制品的呈色。

结合具体体色差现象，防止措施主要有：

（1）灰黑色类型的色差来自烟熏的：根治烟熏即断其源流，料方尽量少用或不用含碳原料以杜绝残留型烟熏。釉方适当提高始熔点，降低高温黏度，少用钙特助熔剂，严格装车与烧窑操作，加强机电与窑炉设备管理，力争消灭吸附型烟熏。

（2）解决泛黄类型色差：首先必须加强烧成控制，确保烧成温度范围与坯釉成熟温度相吻合，避免过烧产生。其次熟练掌握还原焰操作技术，严格遵守制度规定的气氛转换时间、还原浓度等，使坯体彻底还原。还原结束后应控制好中性焰烧成气氛，避免制品重新氧化。

（3）解决瓷器泛红色差：可以从两方面着手，一是原料配方方面，应大力加强拣选除铁工作，降低铁钛着色氧化物含量。使用含有可溶性铁盐原料，作好工艺安排防止不良影响产生。二是烧成方面，分析燃煤成分，随时了解氯化物硫化物存在情况，采取相应措施。同时还原烧成气氛不宜过浓。控制好高火温度，防止生烧产生。

（4）加强色基制备管理，化工原料必须保证纯度，严禁降格以求。严格遵守操作规程，确保每一环节均达工艺指标。每批产品经鉴定合格方可投入使用。此外，还可以参看色差缺陷（烟熏、色黄等）的具体表现形式。

4. 烟　熏

烟熏，又称为熏烟、串烟、吸烟、吃烟等，定义为制品局部或全部呈现灰黑、褐色现象。一般而言，目前陶瓷烧成燃料以煤为主，烧成窑炉采用非隔焰式设备，则烟熏缺陷较为常见，尤以采用还原气氛烧成为甚。

就产生原因，烟熏可分两大类型：一种为坯料中固有的机面质及碳素在烧成的氧化阶段未得到比较彻底的分解逸出，导致残留坯中而着色，可称残留型烟熏。该类烟熏一般发生在采用含大量有机质原料或煤矸石的生产厂家，其危害程度视坯料中有机质及碳素含量和烧成时氧化分解彻底与否决定，表现形式呈规律性变化。即从窑车（或窑内）观察，多发生于氧化分解较差的部位，逐渐过渡至绝迹于氧化分解良好的部位，从瓷件断口观察则以制品最厚处为着色中心，向四周逐步递减。此类烟熏易于辨别，也易于找准产生原因。另一种烟熏则反之，坯料较为纯净，但由于烧成操作失当或釉方欠合理而导致瓷坯吸烟，可称吸附型烟熏。该类烟熏大多为烧成操作处理失误所致，特别是采用还原烧成时难度更高。其危害程度受烧成气氛、压力状况、工人操作技能影响较大，表现形式多样，着色可深可浅而色度变化，观察断口处，颜色基本均匀；若局部烟熏，一般交接处界限清楚；烟熏的强度发生时大多在匣钵口进风处，造成产品口沿呈半月形灰黑色状。此类烟熏由于表现复杂，同时因产生因素也较多，故难于分析也难于解决。再有就是坯体入窑水分过大，泥浆中加碱量过多，釉料中石灰石用量大，容易引起坯体釉面吸烟、沉碳。

烟熏在日用陶瓷烧成中极为常见，预防措施可以从下列几个具体方面入手：

（1）釉方应适当提高始熔温度，降低高温黏度，助熔剂中 CaO 含量不宜过高，特别是采用还原烧成时必须控制在 2% 以内，不足部分可用滑石取代或用长石釉代替石灰釉、石灰碱釉。

（2）严格烧成技术管理，充分重视压力、气氛、温度三者相互制约关系，随季节和气候变化对整个调节系统进行校正。保持窑内压力稳定，防止烟气倒流。随时保证有关检测器具完好及正常工作。

（3）严格烧成操作制度，装车（或装窑）应稀密均匀，高度合理；及时清除窑车（或窑床）面上和码脚处杂物，保持火焰畅通无阻。控制白坯入窑水分（包括生匣钵入窑水分）应小于 3%。固定日进坯品种、数量。稳定进车速度。遵守加煤方式及加煤量，明确规定各火箱煤层厚度。氧化炉应燃烧清亮，及时撬炉松灰，务使通风良好；还原炉应勤加薄投，保持不断火、不断烟，处于不完全燃烧状、高火炉不能带烟加煤，燃烧以绿色火苗为宜。各火箱均严禁穿孔。发生炉凝应当快速清除，避免火门开启过久。

（4）准确掌握还原起始和结束时间，力求气氛与温度对口，做到还原前坯体分解完全，还原后釉料方可熔融。依据坯体状况实施适当还原浓度，不得任意加强。还原结束后尽力保持中性气氛。

（5）先用含硫量低的燃煤。根据挥发分高低调整通风系统，挥发分高可以加强通风，低则减弱通风，即可缩小温差，又兼顾火焰燃净。

5. 起　泡

起泡分"坯泡"和"釉泡"两种，"坯泡"又分"氧化泡"和"还原泡"。氧化不彻底所造成的坯泡叫氧化泡，泡的大小似小米粒，所以俗称"小米泡"，坯泡外面有釉层覆盖，不易用手磨破，断面呈灰黑色，多产生于窑的低温部位。而由于还原不足所产生的坯泡叫做还原泡，直径比"小米泡"要大，又称"过火泡"，端面发黄，多产生在高温近喷火口部位的制品。

釉泡一般细小，鼓在釉层表面，易用手磨破，釉泡破后玷污成黑色小点。

坯体内存在的可溶性钾钠盐类，在干燥过程中，当水分扩散蒸发时，聚集在坯体的边缘棱角处，降低了这些部位的软化温度；焙烧时，此处受热面积较大，因此较早瓷化致密，气体不易由此逸出，造成一串小釉泡，俗称"水泡边"。

综合而言，陶瓷制品产生起泡缺陷的原因主要有以下几个方面：

（1）原料中含碳酸盐、硫酸盐、有机物及碳素过多，高温分解排除不当造成气泡。

（2）坯料中结晶水排出不当。

（3）釉料的始熔点过低，高温黏度大。

（4）还原期间，坯釉气孔中吸附了一定的碳素，这些碳素在釉面熔化后，因为氧化放出二氧化碳而被已熔的釉层所阻止，造成气泡。

（5）烧成温度偏高，釉料过烧沸腾造成气泡。

6. 生烧、过烧

生烧的瓷器制品往往发黄，吸水率偏高，釉面光泽差而粗糙，敲击时声音不脆。过烧的制品则发生过烧变形，釉面起泡或流釉。

产生生烧和过烧的主要原因是坯釉料配方不当，烧成温度选定偏低或偏高，高温时间控制不当。装窑密度不合理或烧成带温差太大，造成了局部生烧或过烧。

7. 色黄（又称阴黄）

瓷器表面发黄是由于升温太快，釉面熔融过早，而使 Fe_2O_3 未能充分还原所引起的。因此在还原期必须使 Fe^{3+} 充分还原成 Fe^{2+}，并在高温保温阶段采用中性弱还原气氛。如在还原期后采用氧化气氛或冷却时在氧化介质中冷却过慢，会使 Fe^{2+} 再度氧化成 Fe^{3+}，而使瓷器表面发黄。原料中 TiO_2 含量较高时，也会在烧成后使瓷器发黄。为了遮盖所带来的黄色，可以在坯料中加入微量的 CoO。

8. 釉面不平

制品的釉面不平，呈橘皮状，一般在盘、碟类制品上这种缺陷较多。

产生釉面不平的主要原因是坯体表面修整不善，而釉层过薄不足以弥补坯体的缺陷。或者是由于釉料不够细、釉浆太稠，釉浆在坯体表面分布厚薄不均匀所致。或是熔融的釉黏度太高而流动性差。因此，防止这类缺陷的产生，可以通过控制釉浆的黏度或改变组成，适当增加碱性氧化物的含量，降低釉的高温黏度，增大高温流动性来予以解决。

9. 火刺

由于匣钵重叠处封闭不严密或有裂缝，火焰直接侵蚀制品，以及在喷火口处、火焰温度太高处都会使制品局部黄色或褐色，同时釉面粗糙，这就是"火刺"缺陷。

为了避免火刺的产生，要求匣钵口平整、严密，严重开裂的匣钵不能使用，在近喷火口温度太高处不能装大件和外观质量要求高的制品，甚至不放制品仅放空的匣钵柱。

火刺产生的原因是匣钵内在质量不高的间接作用、装出坯操作工失误以及燃煤性能影响，三者之间相互制约，均有联系。匣钵内在质量不高是导致匣钵缺裂的重要因素，如匣钵机械强度过低、匣钵中玻璃相含量过高、匣钵热稳定性差、污染等。另外，装车工操作过程中碰撞导致的缺口以及燃煤性能等因素均是导致火刺产生的原因。要防止火刺的产生，主要从下面几个方面着手：① 加强匣钵研究工作，从材质和工艺控制两个方面着手，提高匣钵内在质量，达到延长匣钵使用寿命和减少缺裂发生的目的。② 具体分析燃煤性能，对于挥发分含量高者，应严格控制匣起裂情况。③ 以黏土-氧化铝浆料对匣钵进行浆口处理，既可方便开钵，又能保持匣钵之间接 1∶3 处的密闭性能。④ 研究匣钵改型和制品装烧方式是解决火刺缺陷问题的有效途径。

10. 落　渣

由于装钵的坯体表面不清洁或者是钵底及盖片上的灰尘落在坯体表面上，以及因匣钵质量差，外底面未涂涂层或有裂纹，碎屑掉在坯体的表面上都会使制品表面有凸起的小颗粒——"落渣"。因此，在装钵时一定要求坯体表面及匣钵底面积盖片无灰尘，并且在匣钵外底面涂上涂层，提高匣钵质量，杜绝"落渣"缺陷的发生。

11. 毛孔（又称猪毛孔、棕眼、针眼）

制品釉面出现凹痕或小孔，称为毛孔。

产生针孔的主要原因是原料中有机物、碳素、氧化铁、硫酸盐等杂质含量高，而在预热带和烧成带升温过急，温差大，使这些杂质在氧化阶段未能得到充分氧化分解，反应所生成的气体逸出釉面而造成"针孔"缺陷；或者是还原气氛过强，碳素沉积在釉面上，待高温时碳粒烧掉，在釉面上留下凹痕；或者坯体的表面质量差，而釉的高温黏度大，流动性差，不能弥补坯体表面的缺陷。

因此，为了克服针孔缺陷应采取杂质含量低的原料制备坯体，正确控制烧成温度和气氛，提高坯体的成型质量，要求坯体表面光滑平整，并采用高温黏度小，流动性良好而有适当表面张力的釉料；釉层厚度要适当，不能太薄。

12. 无　光

产生釉面无光的主要原因是釉的结晶和釉层熔融不良。含氧化钙高的釉料在冷却时有较大的结晶倾向，因此在冷却初期（从烧成温度至 750 ℃ 左右）采取快速冷却，防止釉层析晶是克服釉面无光而使釉面光泽度提高的有力措施。由于釉的熔融不良而造成无光，必须通过调整釉的组成得到解决。二氧化硅或氧化铝含量高的釉料其熔融温度必然提高，因此调整釉料组成中各氧化物组分有一个合适的比例是釉料具有良好性能的关键。

13. 釉疤、色疤

釉疤、色疤在陶瓷缺陷中术语的解释是这样的："指由于施釉不合要求而致烧后产品釉出现的局部严重不平。"但在实际生产中，釉疤、色疤样式有多种。这些缺陷在整体缺陷中的比例虽然不大，但就某个品种或某个色调是相当突出的，而且影响实物质量。这两种缺陷大多集中发生在大件产品、杯把根处、有孔雀绿、黑色等颜色的彩绘产品。釉疤、色疤缺陷是一种现象，其实质是由于瓷体的气相、坯体、釉层三者吸附、湿润、黏附物理化学变化的结果。下面分述之：

（1）大件产品坯体厚、体积大，如果低温阶段、氧化分解阶段的升温速度与通件相同的话，对于大件产品来说，升温速度相对就快，坯体前期阶段挥发分排除不彻底，仍将挥发，但釉层已经封闭，从而造成釉疤。解决大件产品的釉疤缺陷的方法如下：

① 低温阶段升温速度的控制，与其他正常产品混装时，升温速度不好控制的话，降低前温的温度或者延长预热带长度，也相当于降低了升温速度。

② 釉层厚度的控制，坯体干燥后上釉、施釉方法一般选择浸釉，釉层厚度在各部位的分布不容易均匀，釉层相对厚的部位，坯体中的挥发物，排除相对缓慢些。所以，在操作上要注意釉层的厚度与均匀度，还可调整釉浆的容重。

③ 坯面光洁程度，从陶瓷的坯釉结合上，根据润湿与黏附理论，坯体表面粗糙度越大越不利于润湿。所以，坯面保证光滑，釉层在坯面上润湿得好，造成釉疤的概率就减少。

（2）杯把根处釉疤缺陷的产生又不同于大件产品，杯类产品的杯把一般都是用黏结泥浆粘上去的，在杯把根处有两种不同配方，由三种颗粒细度组合而成。杯身是一种配方、一个颗粒细度，杯把、杯身是另一种配方，但两种料的颗粒细度又不相同，黏结泥的颗粒细度相对要粗些。正是由于三者之间的区别，造成杯把根处釉疤自相对较多。如何解决这一缺陷需从以下几点考虑：

① 在保证黏结收缩合适、不产生裂把的情况下，尽量控制黏接泥的颗粒细度，如用注把的泥浆代替黏结泥而且不裂把，是一个较好的解决方法。

② 考虑杯把根处黏结点吸附膜的特性，由于吸附膜的存在，起着阻碍液体铺展的作用。在施釉前用净水将把处擦湿以增加润湿度。

③ 为解决杯把色疤缺陷，在杯把根处抹一圈釉浆，也是很好的解决办法。

孔雀绿等色调手绘产品的色疤解决方案，考虑这种情况属于坯面与釉层之间又多了一层色料。如果低温、氧化分解阶段升温速度太快，孔雀绿色降低了釉层熔化温度，釉层封闭较早，造成坯体内部气体排除不彻底，到了高温阶段气体继续排除，易造成色疤。解决这一矛盾的措施就是降低升温速度，延长预热带长度，破坏吸附膜，上色之前排净水分。

14. 熔　洞

易熔物在烧成过程中熔融而产生孔洞的主要原因是：原料含有机杂质较多；原料或回头泥在精制加工时，泥浆筛网太稀，或破筛、漏筛、喷筛，使粗粒有机质和石膏屑等易熔物未能清除干净；另外，在练泥时和成型过程中，粗粒有机杂质及石膏屑等熔物混入泥、釉料中而未及时清除。

15. 斑　点

陶瓷制品表面呈现的有色污点，又称铁点。产生的原因是：坯、釉用原料含着色杂质太多，加工细度又没有达到要求；坯、釉浆过筛用筛网太稀或漏筛、喷筛；坯、釉浆过筛除铁后，在后续的加工过程中，如压滤、练泥、陈腐或成型使用过程中，被机械设备磨损污染或二次扬尘污染；成坯存放时被风雨、灰尘、铁质坯架等支撑物污染而没有及时清除或无法清除；成坯装匣时或装匣后未清扫干净，或入窑前存放过程中被污染；匣钵、垫饼、支撑用支钉、支座等装烧窑具含着色杂质太多，烧成时被污染；匣钵、棚板等装烧窑具密封不好，烧成时被煤灰等窑内杂质微尘污染；烧成过程中还原气氛不强，三氧化二铁未被完全还原为氧化亚铁。

16. 色　脏

指陶瓷制品表面呈现不应有的杂色现象。其产生的原因是在印刷花纸时，花纸的空白部位染有杂色或污点；粘贴物中混有脏物；贴花工、镶金工、画瓷工、画坯工手上的脏物黏附在制品上；釉烧温度要合适，不要太高或太低，高温保温时间不要太长；烤花装窑工装瓷器歪斜，画面互相粘压或花面碰粘铁盘；烤烧制品时有色杂质落在制品上。

17. 石膏脏

陶瓷制品坯体由于粘有石膏而形成的异色现象。产生原因主要是：回头泥、回坯屑中混入的石膏模碎屑未及时清除，进入原料车间进行精制加工时未过好筛；切泥饼、压坯时混入的石膏模碎未及时清除。

18. 缺釉（包括压釉、缩釉）

陶瓷制品压釉是由于釉面受表面张力及其操作原因使釉向两边滚缩，形成中间缺釉的现象。在坯体接头凹下处形成的细条状缺釉称为压釉。产生原因主要是：釉浆过细或过浓；坯体在施釉前未除净其表面的灰尘；釉的表面张力过大；坯体施釉时水分过大；釉浆用水不清洁，有油污；半成品保管得不好，有二次吸潮现象；釉的高温黏度过大。

第 3 篇　玻璃工业检测

第 9 章　玻璃及其生产工艺

9.1　玻璃概述

9.1.1　玻璃的定义与通性

1. 玻璃的定义

狭义的玻璃定义为：熔融物在冷却过程中黏度逐渐增大并硬化而不结晶的无机物质。而广义的玻璃定义为：结构上完全表现为长程无序的、性能上具有经典玻璃的各种特征性质的非晶体物质。根据狭义的玻璃定义可知，玻璃主要是硅酸盐类非金属材料，而用熔融法以外的其他方法，如真空蒸发、放射线照射、凝胶加热等方法制作的非晶态物质不能称为玻璃；另外，组成上不同于无机物质的非晶态金属和非晶态高分子材料也不能称为玻璃。但是根据广义的玻璃定义，无论是有机物、无机物还是金属，也不管由何种技术制备，只要具备玻璃特性均可称为玻璃。本书主要介绍硅酸盐类玻璃的生产与检测方法。

2. 玻璃的通性

由于玻璃是非晶体，其内部质点无序排列而呈现统计均质的结构使其具有以下特性：

（1）各向同性。

均质玻璃其各方向的性质如折射率、硬度、弹性模量、热膨胀系数、导热系数等都相同（非均质玻璃中存在应力除外）。

（2）介稳性（亚稳性）。

玻璃由熔体冷却而得，冷却时黏度急剧增大，质点来不及形成晶体的有规则排列，系统处于热力学的高能状态，有析晶的趋势。但系统的高黏度状态使析晶不可能，只有在一定的外界条件下才能克服转化的势垒析出晶体，因而可长期保持介稳态。

（3）凝固的渐变性和可逆性。

由熔融态向玻璃态转变的过程是在一定的温度区间进行的，玻璃没有固定熔点。玻璃加热变为熔体过程也是渐变的，这与熔体的结晶过程有明显区别。这种渐变过程使玻璃具有良好的加工性能。

（4）性质变化的连续性。

由熔融态向固态转化时，玻璃的化学组可以连续变化，其性质如电导、比容、黏度、热容、膨胀系数、密度、折射率等可随温度变化而连续变化。

9.1.2　玻璃的发展历程及其在国民经济中的作用

玻璃最初由火山喷出的酸性岩凝固而得，约公元前 3700 年前，古埃及人已制出玻璃装饰品和简单玻璃器皿（当时只有有色玻璃）。在中国，考古发现表明，约公元前 1000 年前已经制造出玻璃质制品。公元 12 世纪，在欧洲出现了商品玻璃，并开始成为工业材料。18 世纪，为适应研制望远镜的需要，制出光学玻璃；1874 年，比利时首先制出平板玻璃。1906 年，美国制出平板玻璃引上机，此后，随着玻璃生产的工业化和规模化，各种用途和各种性能的玻璃相继问世。

玻璃制品如各种餐具、玻璃器皿和装饰品、各种灯泡、显像管等已经成为人们生活不可缺少的用品。随着现代科学技术的发展，玻璃新产品不断向多功能方向发展，玻璃的深加工制品具越来越多的优良性能，在工业、军事、国防科研、能源生产、生态环境、现代通信技术领域用途广泛，如建筑行业普遍使用的平板玻璃、双层玻璃、空心玻璃砖、泡沫玻璃，医药和食品工业用的各种玻璃器皿，化学工业和实验室用的各种玻璃仪器、玻璃填充剂、显微镜，电器和电子工业用的各种灯壳、管件、绝缘体、电容器、电极，光学工业用的各种棱镜、透镜、滤光片，现代技术使用的光导纤维、电光玻璃、激光玻璃、声光玻璃、导电玻璃、半导体玻璃、纳米玻璃以及制作精美的艺术玻璃等。玻璃已经渗透到国民经济的各个部门，起着越来越重要的作用。

9.1.3　无机玻璃的分类

无机玻璃通常按主要成分分类，可分为氧化物玻璃和非氧化物玻璃。非氧化物玻璃品种和数量很少，主要有硫系玻璃和卤化物玻璃。硫系玻璃的阴离子多为硫、硒、碲等，可截止短波长光线而通过黄、红光以及近、远红外光；其电阻低，具有开关与记忆特性。卤化物玻璃的折射率低，色散低，多用作光学玻璃。

氧化物玻璃又分为硅酸盐玻璃、硼酸盐玻璃、磷酸盐玻璃等。

1. 硅酸盐玻璃

指基本成分为 SiO_2 的玻璃，其品种多，用途广。通常按玻璃中 SiO_2 以及碱金属、碱土金属及其他氧化物的不同含量，又分为许多不同种类的玻璃。常见的有：

（1）石英玻璃：SiO_2 量大于 99.5%，热膨胀系数低，耐高温，化学稳定性好，透紫外光和红外光，熔制温度高、黏度大，成形较难。多用于半导体、电光源、光导通信、激光等技术和光学仪器中。

（2）钠钙玻璃：即普通玻璃，以 SiO_2 为主，还含有较多的 Na_2O 和 CaO。其成本低廉，易成形，适宜大规模生产，产量占实用玻璃的 90%。可生产玻璃瓶罐、平板玻璃、器皿、灯泡等。

（3）铅硅酸盐玻璃：主要成分有 SiO_2 和 PbO，具有独特的高折射率和高体积电阻，与金属有良好的浸润性，可用于制造灯泡、真空管芯柱、晶质玻璃器皿、火石光学玻璃等。含有大量 PbO 的铅玻璃能阻挡 X 射线和 γ 射线。

2. 硼酸盐玻璃

B_2O_3 是硼酸盐玻璃中的网络形成体。B_2O_3 也能单独形成氧化硼玻璃，但其实用价值小。氧化硼能与许多和二氧化硅不能形成玻璃的氧化物、氟化物等形成硼酸盐玻璃。硼酸盐玻璃具有特高折射率、低色散、特殊色散的光学玻璃，特高热膨胀系数的电真空封接玻璃、辐射计、测量仪器玻璃、防辐射玻璃等可由硼酸盐玻璃制造。

3. 铝酸盐玻璃

虽然纯氧化铝不能形成玻璃，但加入氧化钙、氧化锶、氧化钡、氧化镁、氧化铍等氧化物后可以形成铝酸盐玻璃。其中以 $CaO-Al_2O_3$-体系[氧化铝含量38%～65%（重量）]应用最广。铝离子以[AlO_6]配位状态存在。铝酸盐玻璃具有良好的力学、热学、光学性质，是透红外（波长超过 6 μm）氧化物玻璃中较好的一种，加入少量二氧化硅可以显著降低玻璃析晶倾向，但其红外透射性能变差。

4. 磷酸盐玻璃

以 P_2O_5 为主要成分，折射率低、色散低，用于光学仪器中。

此外，还有铍酸盐、钒酸盐等类型玻璃。

9.2　玻璃生产工艺简介

9.2.1　生产流程

玻璃的品种与用途虽各不相同，但它们却有相近的生产流程：

成分设计→原料加工→配合料制备→熔制→成形→退火→加工→检验→制品。

在上述流程中得到的制品经深加工可得二次制品。例如：窗用玻璃在成分设计上采用钠钙硅玻璃系统，由浮法成形制得一次制品窗用玻璃；窗用玻璃经磁控离子溅射法制成二次制品镀膜玻璃，使增加了彩色和反射光是性质，等等。

9.2.2　主要原料与辅助原料

普通玻璃的主要成分有 SiO_2、Na_2O、CaO、Al_2O_3、MgO 等五种，为引入上述成分而使用的原料称为主要原料，其他原料称为辅助原料。

1. 引入 SiO_2 的原料

SiO_2 是玻璃中最主要的成分，可使玻璃具有高的化学稳定性、力学性能、电学性能、热学性能；但含量过多时使熔制的玻璃液黏度过大，为此需相应提高熔化温度。

（1）硅砂。也称石英砂，主要由石英颗粒所组成。质地纯净的硅砂为白色，一般硅砂因含有铁的氧化物和有机物而呈淡黄色、红褐色。

（2）砂岩。

指由石英颗粒和黏性物质在地质高压下胶结而成的坚实致密的岩石。根据黏性物质的性质可分为黏土质砂岩、长石只质砂岩和钙质砂岩。所以砂岩成分不仅取决于石英颗粒，而且与黏性物质的种类和含量有关。砂岩中的有害杂质是氧化铁。

表 9-2-1 为硅质原料的成分范围。

表 9-2-1　硅质原料的成分范围（%）

成分 原料	SiO_2	Al_2O_3	Fe_2O_3	CaO	MgO	R_2O
硅砂	90 ~ 98	1 ~ 5	0.1 ~ 0.2	0.1 ~ 1	0 ~ 0.2	1 ~ 3
砂岩	95 ~ 99	0.3 ~ 0.5	0.1 ~ 0.3	0.05 ~ 0.1	0.1 ~ 0.15	0.2 ~ 1.5

2. 引入 Al_2O_3 的原料

引入 Al_2O_3 的原料主要有长石和高岭土，高岭土又称黏土，这两种原料的成分、性质等在第 7 章已有详细介绍。

3. 引入 Na_2O 的原料

主要有纯碱和芒硝。

（1）纯碱（Na_2CO_3）。

纯碱是微细白色粉末，易溶于水，是一种含杂质少的工业产品，主要杂质有 NaCl（不大于 1%）。纯碱易潮解、结块，其含水量通常波动在 9% ~ 10%，应储存在通风干燥的库房内。

（2）芒硝（Na_2SO_4）。

有无水芒硝和含水芒硝（$Na_2SO_4 \cdot 10H_2O$）两类。使用芒硝不仅可以代碱，而且又是常用的澄清剂，为降低芒硝的分解温度常加入还原剂（主要为碳粉、煤粉等）。使用芒硝也有如下缺点：热好大、对耐火材料的侵蚀大、易产生芒硝泡；当还原剂使用过多时，Fe_2O_3 还原成 FeS 而使玻璃着成棕色。

4. 引入 CaO 的原料

主要有石灰石、方解石。上述原料主要成分均为 $CaCO_3$，但后者的纯度比前者高。

5. 引入 MgO 的原料

主要为白云石（$MgCO_3 \cdot CaCO_3$），呈蓝白色、浅灰色、黑灰色。对白云石的质量要求是：MgO ≥ 20%；CaO ≤ 32%；Fe_2O_3 < 0.15%。

6. 澄清剂

在玻璃熔制过程中能分解产生气体或能降低玻璃黏度促使玻璃中气泡排除的原料称为澄清剂。常用的澄清剂可分为以下三类：

（1）氧化砷和氧化锑。

氧化砷和氧化锑均为白色粉末。它们在单独使用时将升华挥发，仅起鼓泡作用。与硝酸盐组合作用时，它们在低温吸收氧气，在高温放出氧气而起澄清作用。由于 As_2O_3 的粉状和蒸气都是极毒物质，目前已很少使用，大都改用 Sb_2O_3。

（2）硫酸盐原料。

主要有硫酸钠，它在高温时分解逸出气体而起澄清作用，玻璃厂大都采用此类澄清剂。

（3）氟化物类原料。

主要有萤石（CaF_2）及氟硅酸钠（Na_2SiF_6）。萤石是天然矿物，是由白、绿、紫色组成的微透明的岩石。氟硅酸钠是工业副产品。在熔制过程中，此类原料是以降低玻璃液黏度而起澄清作用。对耐火材料侵蚀大，产生的气体（HF、SiF_4）污染环境，目前此类原料已限制使用。

7. 脱色剂

无色玻璃应有良好的透明度，但玻璃中的铁、铬、钛、钒等杂质使玻璃呈不需要的颜色，降低了玻璃的透明度。脱色剂的作用在于减弱或消除颜色对玻璃的影响。根据脱色机理可分为化学脱色剂和物理脱色剂两类。常用的物理脱色剂有 Se、MnO_2、NiO、Co_2O_3 等；常用的化学脱色剂有 As_2O_3、Sb_2O_3、Na_2S、硝酸盐等。

8. 助熔剂

能促进玻璃熔制过程的加速，降低高温黏度的原料称为助熔剂或加速剂。常用的助熔剂原料有氟化合物、硼化合物、钡化合物、锂化合物和硝酸盐等。

氟化物能加速玻璃的反应，降低玻璃的黏度和表面张力，促进玻璃液的澄清和均匀；氟化物助熔剂原料也可以将有害杂质的 Fe_2O_3 和 FeO 变成 FeF_3 挥发排除或生成无色的 Na_3FeF_6，增加玻璃液的透热性。常用的氟化物助熔剂原料有萤石、氟硅酸钠等。

硼化物助熔剂主要是硼砂和硼酸，硼化物助熔剂的引入不会降低玻璃的理化性能，有利于玻璃理化性能的提高。

硝酸盐助熔剂可以与玻璃中的 SiO_2 形成低共熔物，同时还有氧化、澄清的作用，因而加速了玻璃的熔制。一般硝酸盐助熔剂原料有硝酸钠和硝酸钾等。

钡化物助熔剂主要是碳酸钡和硫酸钡。

碳酸锂和锂云母以及锂灰石也是玻璃很好的助熔剂。

9. 其他原料

（1）着色剂：在制备彩色玻璃时需要使用着色剂。着色剂可分为以下三类：

① 离子着色剂。

锰化合物的原料有：软锰矿（MnO_2）、氧化锰（Mn_2O_3）、高锰酸钾（$KMnO_4$）。Mn_2O_3 使玻璃着成紫色，若还原成 MnO 则为无色。

钴化合物的原料有：绿色粉末的氧化钴（CoO）、深紫色的 Co_2O_3 和灰色的 Co_3O_4。热分解后的 CoO 使玻璃着成天蓝色。

铬化物的原料有：重铬酸钾（$K_2Cr_2O_7$）、铬酸钾（K_2CrO_4）。热分解后的 Cr_2O_3 使玻璃着成绿色。

铜化物的原料有：蓝绿色晶体的硫酸铜（$CuSO_4$）、黑色粉末的氧化铜（CuO）、红色结晶粉末的氧化亚铜（Cu_2O）。热分解后的 CuO 使玻璃着成湖蓝色。

② 胶体着色剂。

金化合物的原料有：三氯化金（$AuCl_3$）的溶液，为得到稳定的红色玻璃，应在配合料中加入 SnO_2。

银化物的原料有：硝酸银（$AgNO_3$）、氧化银（AgO）、碳酸银（Ag_2CO_3）。其中以所得的颜色最为均匀，添加 SnO_2 能改善玻璃的银黄色。

铜化物的原料有：Cu_2O 及 $CuSO_4$，添加 SnO_2 能改善铜红着色。

③ 硒与硫及其化合物着色剂。

常用的有金属硒粉、硫化镉、硒化镉。单体硒使玻璃着成肉红色；CdSe 着成红色；CdS 使玻璃着成黄色；Se 与 CdS 的不同比例可使玻璃着成由黄到红的系列颜色。

（2）乳浊剂：制备乳白不透明的玻璃需要乳浊剂最常用的原料有氟化物（萤石、氟硅酸钠）、磷酸盐（磷酸钙、骨灰、磷灰石）等。

（3）氧化剂和还原剂。

在熔制玻璃时能释放出氧的原料称氧化剂，能吸收氧的原料称还原剂。属氧化剂的原料主要有硝酸盐（硝酸钠、硝酸钾、硝酸钡）、氧化铈、As_2O_5、Sb_2O_5 等。属于还原剂的原料主要有碳（煤粉、焦炭、木屑）、酒石酸钾、氧化锡等。

（4）碎玻璃。

它是生产玻璃时的废品，常用作回炉料。对制品质量要求不高的小型企业也可全部采用碎玻璃来生产玻璃制品。

9.2.3　原料的加工

1. 工艺流程

若采用块状原料进厂都必须经过破碎、粉碎、筛分而后经称量、混合制成配合料，其一般工艺流程如下：

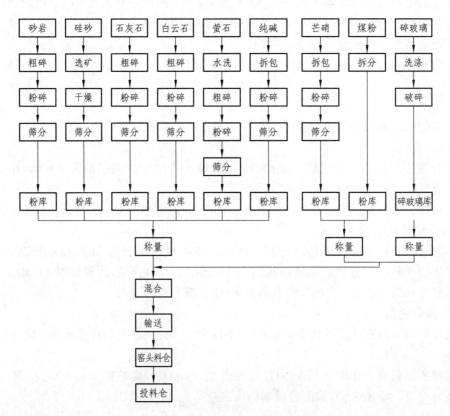

随厂家的生产规模、玻璃的品种、用途和要求不同，各厂的工艺流程也会有所不相同。

2. 原料的破碎与粉碎

日熔化量较大的平板玻璃厂一般都是矿物原料块状进厂。为此，必须进行破碎与粉碎。

根据矿物原料的块度、硬度和需要的粒度等来选择加工处理方法和相应的设备。要进行破碎的原料有砂岩、长石、石灰石、萤石、白云石等。

砂岩是胶结致密、莫氏硬度为 7 的坚硬矿物。早先是把砂岩煅烧水淬后再进行破粉碎，由于劳动强度大、能耗高、生产率低而不再使用煅烧的方法，目前一般直接由破碎机破碎。

采用的粗碎设备是各种型号的颚式破碎机，可供选用的中碎与细碎的设备有反击式破碎机、锤式破碎机及对辊破碎机。

原料粉碎后都必须进行筛分。生产中常用的筛分设备主要有六角筛和机械振动筛两种；在小型厂常用摇筛。六角筛适用于筛分砂岩、白云石、长石、石灰石、纯碱、芒硝等粉料，但不适用于含量高的物料。目前大型厂都采用机械振动筛来筛分砂岩粉。

3. 配合料的制备

（1）配合料的称量。

根据所设计的玻璃成分及给定的原料成分，进行料方计算，确定配料单，按配料单逐个进行原料的称量。常用的秤有台秤、耐火材料秤、标尺式自动秤、自动电子秤等。

采用自动电子秤优点是可以实行远距离给定、远距离操作及回零指示，这样可达到配料线自动化。

（2）配合料的混合。

影响原料混合质量的因素包括原料的物理性质（密度、颗粒组成、表面性质等）、加料顺序、加水量、加水方式、混合时间、是否加入碎玻璃等。

按混合机的结构不同，可分为转动式、盘式、桨叶式三类，相应的混合机有鼓形混合机、强制式、混合机、桨叶式混合机。

（3）配合料制备的质量控制。

配合料的质量对玻璃制品的产量和质量有较大的影响。虽然不同的玻璃制品对配合料的质量有不同的要求，但在一些基本要求上是一致的。因此，在生产过程中必须控制各个工艺环节以保证配合料的质量。

质量控制的主要内容有：原料成分的控制、原料水分的控制、原料粒度的控制、称量误差程度的控制、混合均匀度的控制等。

9.2.4　玻璃熔窑

玻璃熔窑的作用是把合格的配合料熔制成无气泡、条纹、析晶的透明玻璃液，并使其冷却到所需的成形温度。所以玻璃熔窑是生产玻璃的重要热工设备，它与制品的产质量、成本、能耗等有密切关系。

玻璃熔窑可分为池窑与坩埚窑两大类。把配合料直接放在窑池内熔化成玻璃液的窑称池窑；把配合料放入窑内的坩埚中熔制玻璃的窑称坩埚窑。凡玻璃品种单一、产量大的都采用池窑。若产品品种多、产量小的都采用坩埚窑。以下主要介绍池窑。

玻璃池窑有各种类型，按其特征可分为以下几类：

1. 按使用的热源分

（1）火焰窑。以燃烧燃料为热能来源。燃料可以有煤气、天然气、重油、煤等。

（2）电热窑。以电能作热能来源。它又可分为电弧炉、电阻炉及感应炉。

（3）火焰—电热窑。以燃料为主要热源，电能为辅助熟源。

2. 按熔制过程的连续性分

（1）间歇式窑。把配合料投入窑内进行熔化，待玻璃液全部成形后，再重复上述过程。它属于间歇式生产，所以窑的温度是随时间变化的。

（2）连续式窑。投料、熔化与成形是同时进行的。它属于连续生产，窑温是稳定的。

3. 按废气余热回收分

（1）蓄热式窑。由废气把热能直接传给格子体以进行蓄热，而后在另一燃烧周期开始后，格子体把热传给助燃空气与煤气，回收废气的余热。

（2）换热式窑。废气通过管壁把热量传导到管外的助燃空气达到废气余热回收。

4. 按窑内火焰流动走向分

（1）横火焰窑。火焰的梳向与玻璃液的走向呈垂直向。

（2）马蹄焰窑。火焰的流向是先沿窑的纵向前进而后折回呈马蹄形。

（3）纵火焰窑。火焰沿玻璃液流方向前进，火焰到达成形部前由吸气口排至烟道。

根据我国目前的能源情况，国内所有玻璃厂都采用火焰窑，用重油或用煤气为燃料。大中型平板玻璃厂生产浮法玻璃一般均采用横焰蓄热式连续池窑来熔化玻璃，图 9-2-1 是这种窑的平面图。图中配合料由投料口 1 进入熔化部 2，由窑一侧的小炉 3 喷焰加热，火焰把热量传给配合料，熔化和澄清后的玻璃液进入冷却部 4，然后经槽口 5 流入锡槽，进行浮法成形。燃烧后的废气进入另一侧的小炉，将热量传给炉中的格子体和蓄热室，再经烟道排出。

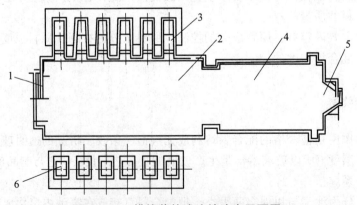

图 9-2-1 横焰蓄热式连续池窑平面图

1—投料口；2—熔化部；3，6—小炉；4—冷却部；5—流料口

9.2.5 玻璃的熔制

合格配合料经高温加热形成均等的、无缺陷的并符合成形要求的玻璃液的过程称为玻璃的熔制过程。玻璃熔制是玻璃生产最重要的环节，玻璃制品的产量、质量、成本、燃料耗量、窑炉寿命等都与玻璃熔制过程密切相关。

从加热配合料直到熔成玻璃液：常可根据熔制过程中的不同实质而分为以下五个阶段：

1. 硅酸盐的形成

硅酸盐生成反应在很大程度上是在固体状态下进行的，配合备料各组分在加热过程中经过一系列的物理的、化学的和物理化学变化，结束主要反应过程。大部分气态产物逸散；原料中的游离水、吸附水、结晶水和化学结合水都逸出；配合料中的盐类分解变成了硅酸盐，到这一阶段结束时各种硅酸盐和剩余 SiO_2 组成烧结物。对普通钠钙硅玻璃而言，这一阶段在 800 ~ 900 ℃ 终结。

从加热反应看，其变化可归纳为以下几种类型：

多晶转化：如 Na_2SO_4 的多晶转变，斜方晶型→单斜晶型；

盐类分解：$CaCO_3 \longrightarrow CaO + CO_2$；

生成低共熔混合物：Na_2SO_4-Na_2CO_3，Na_2SO_3-Na_2SiO_3；

形成复盐：$MgCO_3 + CaCO_3 \longrightarrow MgCa(CO_2)_2$；

生成硅酸盐：$CaO + SiO_2 \longrightarrow CaSiO_3$；

排除结晶水和吸附水：$Na_2SO_4 \cdot 10H_2O \longrightarrow Na_2SO_4 + 10H_2O$。

2. 玻璃的形成

烧结物继续加热时，在硅酸盐形成阶段生成的硅酸钠、硅酸钙、硅酸铝、硅酸镁及反应后剩余的 SiO_2 开始熔融，它们间相互溶解和扩散，到这一阶段结束时烧结物变成透明体，再无未起反应的配合料颗粒，在 1200 ~ 1250 ℃ 完成玻璃形成过程。但玻璃中还有大量气泡和条纹，因而玻璃液本身在化学组成上是不均匀的，玻璃性质也是不均的。

由于石英砂粒的溶解和扩散速度比之其他各种硅酸盐的溶扩散速度低得多，所以玻璃形成过程的速度实际上取决于石英砂粒的溶扩散速度。

石英砂粒的溶解扩散过程分为两步，首先是砂粒表面发生溶解，而后溶解 SiO_2，向外扩散。这两者的速度是不同的，其中扩散速度最慢，所以玻璃的形成速度实际上取决于石英砂粒的扩散速度。由此可知，玻璃形成速度与下列因素有关：玻璃成分、石英颗粒直径以及熔化温度。

除 SiO_2 与各硅酸盐之间的相互扩散外，各硅酸盐之间也相互扩散，后者的扩散有利于 SiO_2 的扩散。

硅酸盐形成和玻璃形成的两个阶段没有明显的界线，在硅酸盐形成阶段结束前，玻璃形成阶段就已开始，而且两个阶段所需时间相差很大。例如：以平板玻璃的熔制为例，从硅酸盐形成开始到玻璃形成阶段结束共需 32 min，其中硅酸盐形成阶段仅需 3 ~ 4 min，而玻璃形成却需要 28 ~ 29 min。

3. 玻璃液的澄清

玻璃液的澄清过程是玻璃熔化过程中极其重要的一环，它与制品的产量和质量有着密切的关系。对通常的钠钙硅玻璃而言，此阶段的温度为 1 400～1 500 ℃。

在硅酸盐形成与玻璃形成阶段中，由于配合料的分解、部分组分的挥发、氧化物的氧化还原反应、玻璃液与炉气及耐火材料料的相互作用等原因析出了大量气体，其中大部分气体将逸散于空间，剩余气体中的大部分将溶解于玻璃液中，少部分以气泡形式存在于玻璃液中，也有部分气与玻璃液中某种组分形成化合物。因此，存在于玻璃液中的气体主要有三种状态，即可见气泡、物理溶解的气体、化学结合的气体。

随玻璃成分、原料种类、炉气性质与压力、熔制温度等不同，在玻璃藏中的气体种类和数量也不相同。带见的气体有 CO_2、O_2、N_2、H_2O、SO_2、CO 等，此外尚有 H_2、NO_2、NO 及惰性气体。

玻璃中的气泡对玻璃外观及其他性能有很大的影响，澄清过程是指排除可见气泡的过程。除去气泡的途径有两个：一是使气泡变大加速上升到玻璃液表面逸出；二是气体组分溶解于玻璃液或被吸收。以下介绍与玻璃澄清机理有关的几个主要方面。

（1）在澄清过程中气体间的转化与平衡。

在高温澄清过程中，溶解在玻璃液内的气体、气泡中的气体及炉气这三者间会相互转移与平衡，这取决于某类气体在上述三相中的分压大小（气体总是由分压高的一相转入分压低的另一相中），如图 9-2-2 所示。图中 $P_A^{炉}$ 为炉气中 A 气体的分压，其余类推。依据道尔顿分压定律可知，气体间的转化与平衡除与上述气体的分压有关外，还与气泡中所含气体的种类有密切关系。

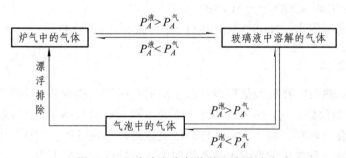

图 9-2-2　玻璃窑中气体的平衡状态

气体在玻璃液中的溶解度与温度有关。在高温下（1 400～1 500 ℃）气体的溶解度比低温（1 100～1 200 ℃）时为小。

由上可知，气体间的转化与平衡决定于澄清温度、炉气压力与成分、气泡中气体的种类和分压、玻璃成分、气体在玻璃液中的扩散速度。

（2）在澄清过程中气体与玻璃液的相互作用。

在澄清过程中气体与玻璃液的相互作用有两种不同的状态：一类是纯物理溶解，气体与玻璃成分不产生相互的化学作用；另一类是气体与玻璃成分间产生氧化还原反应，其结果是形成化合物，随后在一定条件下又析出气体，这一类在一定程度上还有少量的物理溶解。

① O_2 与熔融玻璃液的相互作用：氧在玻璃液中的溶解度首先取决于变价离子的含量，O_2 使变价离子由低价转为高价离子，如 $2FeO + 1/2O_2 \longrightarrow Fe_2O_3$。氧在玻璃液中的纯物理溶解度是微不足道的。

② SO_2 与熔融玻璃液的相互作用：无论何种燃料，一般都含有硫化物，因而其炉气中均

含有 SO_2 气体，能与配合料、玻璃液相互作用形成硫酸盐，如：

$$x Na_2O \cdot y SiO_2 + SO_2 + \frac{1}{2}O_2 \longrightarrow Na_2SO_4 \cdot (x-1)Na_2O \cdot y SiO_2$$

由上可知，SO_2 在玻璃液中的溶解度与玻璃中的碱含量、气相中 O_2 的分压、熔体温度有关。单纯的 SO_2 气体在玻璃液中的溶解度较上述反应式的为小。

③ CO_2 与熔融玻璃液的相互作用：CO_2 能与玻璃液中某类氧化物生成碳酸盐而溶解于玻璃液中，如：

$$BaSiO_3 + CO_2 \rightleftharpoons BaCO_3 + SiO_2$$

④ H_2O 与熔融玻璃液的相互作用：熔融玻璃液吸收炉气中的水汽的能力特别显著，甚至完全干燥的配合料在熔融后其含水量可达 0.02%。当在 1 450 ℃ 熔体中通 1 h 的水蒸气后，其含水量可达 0.075%。H_2O 在玻璃熔体中并不是以游离状态存在，而是进入玻璃网络，如：

$$\equiv Si\text{—}O\text{—}Si\equiv + H_2O \rightarrow 2(\equiv Si\text{—}OH)$$

或
$$2(\equiv Si\text{—}O\text{—}Si) + Na_2O + H_2O \longrightarrow (Si\text{—}O\text{—}H\ldots\ldots O^-\text{—}Si\equiv)$$

其他如 CO、H_2、N_2、惰性气体也可与玻璃液相互作用，或化学结合，或物理溶解。

（3）澄清剂在澄清过程中的作用机理。

为加速玻璃液的澄清过程，常在配合料中添加少量澄清剂。根据澄清剂的作用机理，可把澄清剂分为三类：

① 变价氧化物类澄清剂：这类澄清剂的特点是在低温下吸收氧气，而在高温下放出氧气，它溶解于玻璃液中经扩散进入核泡，使气泡长大而排除。这类澄清剂如 AS_2O_3、Sb_2O_3，其作用如下：

$$As_2O_3 + O_2 \xrightleftharpoons[>1\,300\ ℃]{400\sim 1\,300\ ℃} As_2O_5$$

② 硫酸盐类澄清剂：它分解后产生 O_2 和 SO_2，对气泡的长大与溶解起着重要的作用。属这类澄清剂的主要有硫酸钠 Na_2SO_4。它的澄清作用与玻璃熔化温度密切相关，在 1 400～1 500 ℃ 就能充分显示其澄清作用。

③ 卤化物类澄清剂：它主要降低玻璃黏度，使气泡易于上升排除。属于这类澄清剂的主要有氟化物，如 CaF_2、NaF 等。氟化物在熔体中是以形成 $[FeF_6]^{3-}$ 无色基团、生成挥发物 SiF_4 使玻璃中的网络结构断裂而起澄清作用的。

（4）玻璃性质对澄清过程的影响。

排除玻璃液中的气泡主要以两种方式同时进行：大于临界泡径的气泡上升到液面后排除；小于临界泡径的气泡，在玻璃液的表面张力作用下气泡中的气体溶解于玻璃液而消失。如前所述，在上述过程中伴随有各种气体的交换。

根据斯托克斯定律，气泡上升速度 v（$cm \cdot s^{-1}$）受气泡半径和、气体和玻璃的密度及玻璃液的黏度等因素影响，它们间的关系可用下式表示：

$$v = \frac{2}{9}gr^2\frac{\rho - \rho'}{\eta}$$

式中　g —— 重力加速度，$cm \cdot s^{-2}$；

r —— 气泡半径，cm；

ρ —— 玻璃液的密度，$g \cdot cm^{-3}$；

ρ' —— 气泡中气体的密度，$g \cdot cm^{-3}$；

η —— 玻璃液的黏度（P，$1\,P = 0.1\,Pa \cdot s$）。

由上式可知，气泡上升速度与玻璃液的黏度成反比，玻璃液澄清过程与玻璃的组成及熔制温度有关，大半径的气泡比小半径的气泡逸出速度快。

4. 玻璃液的均化

玻璃形成阶段结束后，在玻璃液中仍带有与主体玻璃化学成分不同的不均体，消除这种不均体的过程称玻璃液的均化。对普通钠钙硅玻璃而言，此阶段温度可低于澄清温度下完成，不同玻璃制品对化学均匀度的要求也不相同。

当玻璃液存在化学不均体时，主体玻璃与不均体的性质也将不同，这对玻璃制品产生不利的影响。例如：两者热膨胀系数不同，则在两者界面上将产生结构应力，这往往就是玻璃制品产生炸裂的重要原因；两者光学常数不同，则使光学玻璃产生光畸变，两者黏度不同，是窗用玻璃产生波筋、条纹的原因之一。由此可见，不均匀的玻璃液对制品的产量与质量有直接影响。

玻璃液的均化过程通常按下述三种方式进行：

（1）不均体的溶解与扩散：玻璃液的均化过程是不均体的溶解与随之而来的扩散。由于玻璃是高黏度液体，其扩散速度远低于溶解速度。扩散速度取决于物质的扩散系数、两相的接触面积、两相的浓度差，所以要提高扩散系数最有效的方法是提高熔体温度以降低熔体的黏度，但它受制于耐火材料的质量。

（2）玻璃液的对流：熔窑和坩埚内的各处温度并不相同，这导致玻璃液产生对流，在液流断面上存在着速度梯度，这使玻璃液中的线道被拉长，其结果不仅增加了扩散面积，而且会增加浓度梯度，这都加强了分子扩散，所以热对流起着使玻璃液均化的作用。热对流对玻璃液的均化过程也有不利的一面——加强热对流往往同时加剧了对耐火材料的侵蚀，这会带来新的不均体。

在生产上常采用机械搅拌，强制玻璃液产生流动，这是行之有效的均化方法。

（3）因气泡上升而引起的搅拌均化作用：当气泡由玻璃液深处向上浮升时，会带动气泡附近的玻璃液流动，形成某种程度的翻滚，在液流断面上产生速度梯度，导致不均体的拉长。

在玻璃液的均化过程中，除黏度对均化有重要影响外，玻璃液与不均体的表面张力对均化也有一定的影响。当不均体的表面张力大时，则其面积趋向于减少，这不利于均化；反之，将有利于均化过程。

在生产上对池窑底部的玻璃液进行鼓泡，也可强化玻璃液的均化，这也是行之有效的均化方法。

5. 玻璃液的冷却

为了达到成形所需黏度就必须降温，这就是熔制玻璃过程冷却阶段的目的。对一般的钠钙硅玻璃通常要降到 1 000 ℃ 左右，再进行成形。

在降温冷却阶段有两个因素会影响玻璃的产量和质量，即玻璃的热均匀度和是否产生二次气泡。二次气泡又称再生泡，或称尘泡。

在玻璃液的冷却过程中，不同位置的冷却强度并不相同，因而相应的玻璃液温度也会不同。也就是整个玻璃液间存在着热不均匀性，当这种热不均匀性超过某一范围时会对生产带来不利的影响，如造成产品厚薄不均、产生波筋、玻璃炸裂等。

在玻璃液的冷却阶段，它的温度、炉内气氛的性质和窑压与前阶段相比有了很大的变化，因而可以认为它破坏了原有的气相与液相之间的平衡，要建立新的平衡。由于玻璃液是高黏滞液体，要建立平衡是比较缓慢的，因此，在冷却过程中原平衡条件改变了。这样虽不一定出现二次气泡，但又有产生二次气泡的内在因素。二次气泡的特点是直径小（一般小于 0.1 mm）、数量多（每 1 cm³ 玻璃中可达几千个小气泡）、分布均（密布于整个玻璃体中）。在冷却过程应防止二次气泡的发生。

生产实践表明，产生二次气泡的主要情况有：

（1）硫酸盐的热分解。在澄清的玻璃液中往往残留有硫酸盐，这种硫酸盐可能来源于配合料中的芒硝以及炉气中的 SO_2、O_2 与玻璃中的 Na_2O 的反应结果。当已冷却的玻璃液由于某种原因又被再次加热或炉气中存在还原气氛，这样就使硫酸盐分解而产生二次气泡。

（2）物理溶解的气体析出。在玻璃液中有纯物理溶解的气体，气体的溶解度随温度升高而降低，因而冷却后的玻璃液若再次升温就放出二次气泡。

（3）玻璃中某些组分易产生二次气泡。例如：BaO_2 随温度的变化：

$$BaO_2 \underset{\text{高温}}{\overset{\text{低温}}{\rightleftharpoons}} BaO + \frac{1}{2}O_2$$

为了避免二次气泡的出现，在冷却过程必须防止温度回升，同时必须根据玻璃的化学组成的不同采用不同的冷却速度，如铅玻璃可以缓慢冷却、重钡玻璃应快速冷却。

9.2.6　玻璃的成形

玻璃成形是熔融的玻璃液转变为具有固定几何形状制品的过程，玻璃制品的成形可分为成形和定形两阶段。第一阶段赋予制品一定的几何形状；第二阶段是把制品的形状固定下来。玻璃的定形通过降低温度来进行。成形方法很多，主要有吹制、压制、拉制，此外还有压延、浇注和烧结等方法。在大规模平板玻璃的生产中普遍使用浮法玻璃技术。

1. 吹制法

吹制是用具有弹性的空气对处于塑性状态的玻璃液进行成形的过程，主要生产空心的玻璃制品，有人工和机械吹制成形两种方式。

（1）人工吹制：由操作者手持吹管从坩埚内或池窑取料口处挑料，在铁模或木模中吹成器形，凝固定型后取出。手工吹制是较早采用的成形方法，由于生产效率低、劳动强度大，现在除了吹制少量工艺美术品和少量大件产品外已少用。

（2）机械吹制：吹制利用压缩空气和机械设备进行。有压-吹、吹-吹、转-吹等方式，用于吹制大批量制品。

2. 压制法

主要生产造型简单的实心或厚壁的空心制品，该法优点是操作简单，制品形状精确、规格一致，但不能生产薄壁、空腔太深的和内壁凹凸的制品，制品表面不够光滑，有模缝线，需要进一步加工。该法也可人工或机械进行。

3. 拉制法

拉制法是由吹制法演变而来的，可用来拉制玻璃管、玻璃棒、玻璃纤维等。可用人工拉制，但现在多采用机械拉制，拉制玻璃管有水平拉管法和垂直拉管法。其中，维罗法水平拉管法拉制过程如图 9-2-3 所示。玻璃液经料碗沿芯管往下流，同时，压缩空气不断从芯管中吹入以形成玻璃管。已吹成的玻璃管下降一段距离后，拐弯成水平状态，由拉管机拉伸成制品。

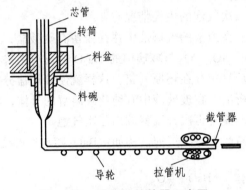

图 9-2-3　维罗法拉管器示意图

4. 压延法

该法用金属辊将玻璃液在工作平台上压延成形，再送入退火炉退火。用延法成形的玻璃品种有压花玻璃、夹丝玻璃，波纹玻璃、槽形玻璃、熔融法生产的玻璃马赛克和微晶花岗岩板材等。目前，压延法已不用来生产光面的窗用玻璃或制镜用的平板玻璃。压延成形分单辊压延和双辊压延两种。

5. 浮法成形

浮法是指玻璃液从熔窑流入锡槽后在熔融金属锡的表面上成形为平板玻璃的方法。熔窑内已冷却至 1 100 ~ 1 150 ℃ 的玻璃液，通过连接熔窑与锡槽的流槽，流到熔融的锡液表面上，在自身重力、表面张力以及拉引力的作用下，摊开成玻璃带，并在锡槽中被抛光与拉薄，在锡槽末端玻璃带已冷却到 600 ℃ 左右，将即将硬化的玻璃板引出锡槽，通过过渡辊台进入退火窑。

浮法工艺可使原板面宽度加大，拉引速度提高，生产规模增大。另外，由于成形是在熔融金属表面进行，可以获得双面抛光的优质镜面。浮法工艺还可以在线生产各种本体着色玻璃和镀膜玻璃，该技术是目前平板玻璃生产中采用最多的。

成形后的玻璃器皿须经过退火消除不均衡冷却造成的热应力。简单造型的普通压制品和窑玻璃制品可以不再进行加工，大多数玻璃器皿成形后都经过各种加工，如钢化、琢磨刻花、抛光、彩釉装饰、着色等处理，使制品完成造型，具有更好的表观效果。

第 10 章　玻璃检测方法

10.1　玻璃及其原料的化学分析

在玻璃生产中，化学分析对原料的选择、配合料方的计算、成品的质量控制、玻璃缺陷的原因分析以及对生产过程中出现问题的判断与解决都具有极其重要的意义。它可以帮助人们从源头上选择优质玻璃原料，通过科学的配方计算，改善玻璃的机械性质、化学性质、光学性质以及热性质，全面提高玻璃质量；在生产出现问题时，从化学成分的角度，帮助寻找产生问题的原因，指导生产工艺，降低不合格产品的比例。玻璃品种繁多，本章仅介绍最常见的钠钙硅玻璃分析。

10.1.1　玻璃化学分析的主要项目

钠钙硅酸盐玻璃的成分以 SiO_2 为主，还有 Na_2O、CaO、Al_2O_3、MgO、K_2O、Fe_2O_3、B_2O_3 等。制备玻璃主要的主要原料有石英砂、砂岩、石灰石、方解石、白云石、萤石、长石以及纯碱、芒硝、硼砂、硼酸等化工原料。玻璃生产中，化学分析的主要对象是配合料、主要原料、辅助原料及玻璃成品。

《钠钙硅玻璃化学分析方法》（GB/T 1347—2008）中规定的钠钙硅玻璃的化学分析方法有：

（1）烧失量的测定（灼烧差减法）；

（2）二氧化硅的测定（氟硅酸钾容量法）；

（3）三氧化二铝（配位滴定法）；

（4）二氧化钛的测定（二安替比林甲烷光度法）；

（5）三氧化二铁的测定（邻菲罗啉分光光度法）；

（6）氧化钙的测定（配位滴定法）；

（7）氧化镁的测定（配位滴定法）；

（8）三氧化硫的测定（硫酸钡重量法）；

（9）五氧化二磷的测定（磷钒钼黄光光度法）；

（10）三氧化二铁、氧化钙、氧化镁、氧化钾、氧化钠的测定（原子吸收光谱法）；

（11）氧化钾和氧化钠的测定（火焰光度法）；

（12）三氧化二铝、三氧化二铁、氧化钙、氧化镁、氧化钾、氧化钠、二氧化钛、五氧化二磷的测定（等离子体原子发射光谱法）；

（13）氧化铜、氧化锌、三氧化二钴、氧化镍、三氧化二铬、氧化镉、一氧化锰的测定（原子吸收光谱法）；

（14）氧化铜、氧化锌、三氧化二钴、氧化镍、三氧化二铬、氧化镉、一氧化锰的测定（等离子体原子发射光谱法）。

这些分析方法的基本原理和分析步骤与水泥工业分析的相应方法基本相同，不在此重复。

10.1.2　钠钙硅玻璃分析方案示例

玻璃成品不溶于水和普通的酸，通常采用熔融法或氢氟酸分解试样。对烧失量和 SO_3 等一般不做测定。以下是两个系统分析的方案：

（1）分析方案 1：采用熔融法分解试样，分析流程如图 10-1-1 所示。

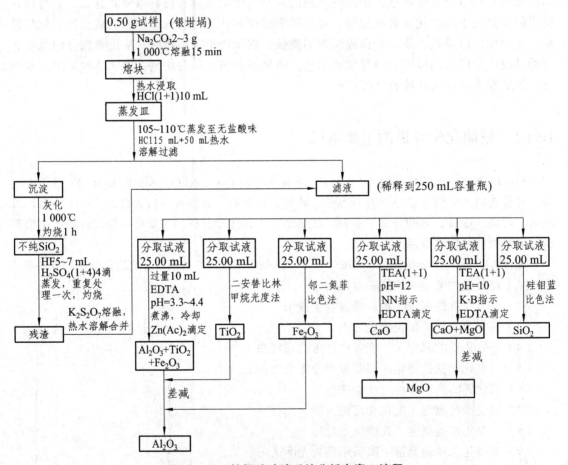

图 10-1-1　钠钙硅玻璃系统分析方案 1 流程

注：该方案须另取试样一份，用 HF-H2SO4 处理硅后，制成试液供氧化钾、氧化钠的测定。

（2）分析方案 2：采用 HF-H_2SO_4 处理试样，分析流程见图 10-1-2。

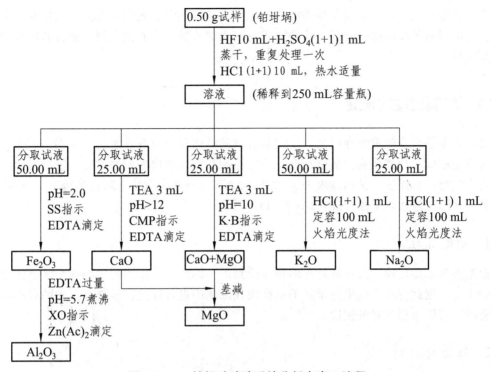

图 10-1-2　钠钙硅玻璃系统分析方案 2 流程

注：该方案须另取试样一份，用氟硅酸钾容量法测定二氧化硅。

10.1.3　玻璃原料的分析

　　与水泥和陶瓷相比，普通钠钙硅玻璃的生产原料较单纯，原其中还包括一些常用的化工原料如纯碱、芒硝等。根据建材行业标准《硅质玻璃原料化学分析方法》（JC/T 753—2001），要求分析的主要项目为：烧失量、二氧化硅、三氧化二铝、三氧化二铁、二氧化钛、氧化钙、氧化镁、氧化钾和氧化钠。采用的分析方法与 GB/T 1347—2008 规定的方法相一致。

　　对于引入 SiO_2 的原料石英砂和砂岩，含 SiO_2 的量较高，在原料中使用较多，可采用氟硅酸钾容量法（参看本书 4.2.3.2）测定，或者挥散法测定。挥散法的原理是将测定烧失量后的试样用氢氟酸（加硫酸）处理，将生成的氢氟酸蒸出，再高温除去三氧化硫，试样减少的质量的分数即二氧化硅含量。

　　纯碱中的碳酸钠含量可用标准 HCl 滴定。

　　石灰石中碳酸钙（镁）含量可用 EDTA 滴定法测定钙离子和镁离子后换算为碳酸钙或碳酸镁。芒硝中的硫酸钠可用硫酸钡重量法测定。

10.2　玻璃物理化学性能检测

　　为了使玻璃产品符合一定的技术要求，并在生产中进行准确的质量控制，对玻璃产品的物理化学性能要进行检测。需要检测的内容包括力学、热学、光学等方面的指标和化学稳定性等。对不同品种和用途的玻璃，检测要求有很大的差异。下面仅介绍几种普通硅酸盐玻璃的检测项目。

10.2.1　玻璃密度的测定

玻璃密度是玻璃的重要性质之一，它与玻璃的结构和组成有着密切的关系，玻璃工厂经常采用测定密度（与其他物性测定配合）作为控制和监督玻璃生产的重要手段。常用的测定密度的方法有：沉浮怯（又称重液法）、称量法（又称排液失重法、阿基米得法）、比重瓶法等。下面介绍沉浮法。采用标准：GB/T 5432—2008。

1. 测定原理

根据阿基米德定律，浸在液体里的物体受到向上的浮力，浮力的大小等于该物体排开的液体的重力。据此将在空气中称量过的试样浸在液体中进行称量，根据上浮力的大小以及液体的密度，可以求得试样的密度。

2. 仪器与材料

分析天平：精度 0.1 mg。

温度计：经校准，（20 ~ 30 ℃）精度 0.1 ℃。

悬吊组件：悬吊丝为直径小于 0.2 mm 的金属丝，经脱脂或真空加热清洁处理，同一次试验所用的悬吊丝、吊篮或线环式试样托应为相同材料。

烧杯：250 ~ 750 mL，能放入天平内，可使吊篮或试样托浸没在其中的蒸馏水里。

气压计：精度 1 mmHg。

蒸馏水：新制备，经煮沸，在天平所处环境放置 2 h，并在 24 h 内使用。

3. 试　样

质量约 20 g，尽量选用不带气泡、结石或其他包裹物的试样，如果切割成圆柱或长方体，应尽可能保持表面平滑、棱边略带圆角、无裂缝。试样最好在热硝酸、铬酸-硫酸洗液或有机脱脂溶剂中超声波清洗，然后用酒精和蒸馏水冲洗，在所有操作中都要用镊子挟取试样。

4. 操作步骤

（1）将试样和盛有蒸馏水并加盖的烧杯放在天平所处环境，使它们的温度与环境一致。

（2）记录实验室气温（精确到 1 ℃）和气压（精确到 1 mmHg），一个固定的实验室也可用平均大气压代替所测定的大气压，再由表 10-2-1 查出空气密度 ρ_A。

（3）测定试样在空气中的质量，精确到 0.1 mg，记为 m_A。

（4）将盛有蒸馏水并插有温度计的烧杯放在天平托架上。

（5）将试样放入吊篮或线环式试样托中，用合适的吊钩和悬丝悬在天平臂上，向上抬起烧杯，使试样托和试样都浸入水中，直到水面到达悬吊丝预定的基准位置。

（6）记浸在水里的试样和悬吊组件一起称量，精确到 0.1 mg，记为 m_T。

（7）从试样托上取下试样，在水面位于基准位置时称取空悬吊组件在蒸馏水中的质量，精确到 0.1 mg，记为 m_0。

（8）读取蒸馏水的温度（精确到 0.1 ℃），由表 10-2-2 查出水的密度，记为 ρ_w。

5. 结果计算

（1）试样在水中的质量 m_w 按下式计算：

$$m_w = m_T - m_0$$

式中　m_T——玻璃试样和悬吊组件在蒸馏水中质量，g；

　　　m_0——悬吊组件在蒸馏水中质量，g。

（2）实验室平均水 – 空气温度 T_L 时玻璃试样的密度 ρ 按下式计算：

$$\rho = \frac{m_A \rho_w - m_w \rho_A}{m_A - m_w}$$

式中　m_A——玻璃试样在空气中质量，g；

　　　ρ_w——蒸馏水在温度 T_L 时的密度，g·cm^{-3}；

　　　m_w——试样在水中的质量 m_w，℃；

　　　ρ_A——干空气在温度 T_L 时的密度，g·cm^{-3}。

（3）标准温度下的密度换算：为了便于与文献资料比较需要将测定温度下的密度换算为标准温度（通常为 20 ℃ 或 25 ℃）下的密度。为此可根据下式进行换算：

$$\rho_S = \frac{\rho}{1 + 3\alpha(T_S - T_L)}$$

式中　ρ_S——标准参考温度下玻璃的密度，g·cm^{-3}；

　　　ρ——测定温度下玻璃的密度，g·cm^{-3}；

　　　T_S——标准参考温度，℃；

　　　T_L——测定密度时的温度，℃；

　　　α——标准参考温度下玻璃的线膨胀系数，℃$^{-1}$。

表 10-2-1　干燥空气的密度（20~30 ℃）（单位：g·cm^{-3}）

温度/℃	压强/mmHg					
	720	730	740	750	7460	770
20	0.001 141	0.001 159'	0.001 173	0.001 189	0.001 205	0.001 221
21	0.001 137	0.001 153	0.001 169	0.001 185	0.001 201	0.001 216
22	0.001 134	0.001 149	0.001 165	0.001 181	0.001 199'	0.001 212
23	0.001 130	0.001 145	0.001 161	0.001 1'7'7	0.001 193	0.001 208
24	0.001 126	0.001 142	0.001 157	0.001 1'73	0.001 189	0.001 204
25	0.001 122	0.001 138	0.001 153	0.001 169	0.001 185	0.001 200
26	0.001 118	0.001 134	0.001 149	0.001 165	0.001 181	0.001 196
29'	0.001 115	0.001 130	0.001 146	0.001 161	0.001 177	0.001 192
28	0.001 111	0.001 126	0.001 142	0.001 15'7	0.001 173	0.001 188
28	0.001 109'	0.001 123	0.001 138	0.001 153	0.001 169	0.001 184
30	0.001 104	0.001 119	0.001 134	0.001 150	0.001 165	0.001 180

表 10-2-2　纯水的密度（20 ℃ ~ 30 ℃）（单位：g·cm^{-3}）

温度/°C	0.0	0.1	0.2	03	04	05	0.6	0.7	0.8	09
20	0.998 20	0.998 18	0.998 16	0.998 14	0.998 12	0.998 10	0.998 08	0.995 06	0 99g 04	0.998 01
21	0.997 99	0 997 97	0.997 95	0.997 93	0.997 91	0.997 88	0.997 86	0.997 84	0 997 82	0 997 79
22	0.997 77	0 997 75	0.997 73	0.997 70	0.997 68	0.997 66	0.997 63	0.99761	0 997 59	0 997 36
23	0.997 54	0 997 52	0.997 49	0.997 47	0.997 44	0.99742	0.997 40	0.997 37	0 997 35	0 997 32
24	0.997 30	0 997 27	0.997 25	0.997 22	0.997 20	0.997 17	0.997 15	0.997 12	0.997 10	0 997 07
25	0.997 05	0.997 02	0.997 00	0.996 97	0.996 94	0 996 92	0.996 89	0.996 87	0.996 84	0.996 81
26	0.996 79	0.996 76	0.996 73	0.996 71	0.996 68	0.996 65	0.996 62	0.996 60	0 996 57	0.996 34
27	0.996 52	0 996 49	0 996 46	0 996 43	0.996 40	0.996 38	0.996 35	0 996 32	0 996 29	0 996 26
28	0.996 24	0 996 21	0.996 18	0.996 15	0.996 12	0.996 09	0.996 06	0.996 03	0.996 00	0.993 9
29	0.995 95	0.995 92	0.993 89	0.995 86	0.995 83	0.995 80	0.995 77	0.993 74	0.993 71	0.993 68
30	0.995 65	0.995 62	0.993 59	0.995 56	0.995 53	0.995 50	0.995 47	0.993 43	0.99340	0.995 37

10.2.2　玻璃抗弯强度的测定

强度的表示方法通常有抗张强度或抗压强度。但是，普通无机玻璃中除了具有由共价键构成的三维网状结构外，同时还有一部分离子键，离子键与共价键的结合使玻璃呈现脆性。此外，在玻璃制造过程中，在表面会产生微裂纹。在受到外部力作用时，所受应力会在这些微裂纹的前端集中，使微裂纹成长、扩展而使玻璃断裂而几乎不出现塑性变形。在做张力试验时，试样的两端不易夹紧，所以常常用抗弯强度测定来代替。

1. 基本原理

玻璃抗弯强度可采用简支梁法进行测定，如图 10-2-1 所示的装置，玻璃试样放在两个支点上，然后在向试样施加集中载荷，使试样变形直至破裂。由断裂时施加的载荷可以求得抗弯强度。

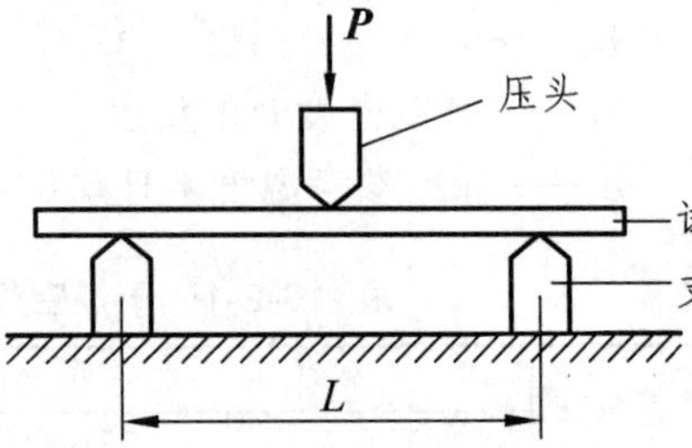

图 10-2-1　简支梁法测定玻璃的抗弯强度示意图

2. 仪器设备

玻璃抗弯强度检测仪或万能材料试验机。

3. 试样的制备

选取无缺陷的材料，试样长约 250 mm，宽（38.1±3.2）mm，其宽度或厚度的尺寸变化不应超过本身的 5%，一次测试需要 30 块以上的玻璃试样。用金刚石玻璃切割机切割出符合测试标准的试样。切割时要注意板材上的任何一条原边都不能作为试样的纵向切边，总试样的一半的切割方向要与其余的一半切割方向垂直。钢化玻璃应在钢化前从原板上切割试样，将纵向板边的棱角磨园，使得在钢化过程中边缘损伤减至最小。全部操作均采用平行于纵轴的定向研磨或抛光，圆弧半径不超过 1.6 mm。试样最好从几块板上或从同一板上的不同部位处切割。试样中残余应力要符合要求，即中心拉应力不得大于 1.38 MPa、表面压应力不得大于 2.76 MPa，至少要对 30%的试样进行退火后残余应力的检查，不合乎规定的试样弃去不用。

4. 测定步骤

将试样仔细安放到试样夹具中，保证安放位置正直。夹具支承边的间隔为 200 mm，与负载边的中心位置相隔 100 mm。试样的初负荷产生的最大应力不得大于断裂强度的 25%，并以一定的速度对试样加荷载直至试样断裂。对于退火玻璃，其加载速度要与最大应力的增加速度相适应。对于钢化玻璃，以每分钟最大应力的增量为断裂强度的 80% ~ 120%的速度进行加荷。

抽出一批试样中的 6 个，先估算一个断裂强度，算出加荷速度并对它们进行试验。取其平均结果用来校正估计值。若试样的宽度和厚度变化小于 5%，则可用平均值代替代表全部试样，计算出加载速度，测出每块试样的厚度和宽度，精确到 ± 1%。

5. 结果计算

平板玻璃试样的弯曲强度 S_p 按下式计算：

$$S_p = 3LP/2bh^2$$

式中　L —— 力矩臂或相邻支点和负荷边缘之间的距离，mm；

　　　P —— 断裂载荷，N；

　　　b —— 试样宽度，mm；

　　　h —— 试样厚度，mm。

在试验报告中要说明试样制备方法、试样形状与尺寸、是否经特殊处理、检验方法、检验环境、试样最大应力增加速度、一组试样的弯曲强度平均值及标准差等。

10.2.3 玻璃透光率和光谱曲线的测定

1. 透光率的测定

光线射入玻璃时，一部分光线通过玻璃，另一部分则被玻璃吸收和反射，不同性质的玻璃对光线的反应是不相同的。也就是说光谱特性不一样，无色玻璃（如一般的平板玻璃）能大量通过可见光，有色玻璃则只能让某一部分波长的光通过，而其他波长的光线则被吸收掉。玻璃的透光性可用透过率 T 表示，就是透过的光强度 I 与投射在玻璃上的强度 I_0 的比值（以百分数表示），即

$$T = \frac{I}{I_0} \times 100\%$$

（1）基本原理。

透光率的测定可采用 BTG—3 型透光率测定仪，仪器的结构原理见图 10-2-2。由白炽灯 2 发出的光经聚光镜 3 与照明物镜 6 变成一束平行光，射入样品 8，透过试样的那部分光进入积分球 11，经多次反射变成柔和的漫射光，光电池 9 将其转换成光电流，由检流计 13 显示出来。因为硅光电池产生的电流与其入射光强度成正比，分别测定入射光产生的电流和透过玻璃试样的光产生的电流 i_0 可以求得透光率：

$$T = \frac{i}{i_0} \times 100\%$$

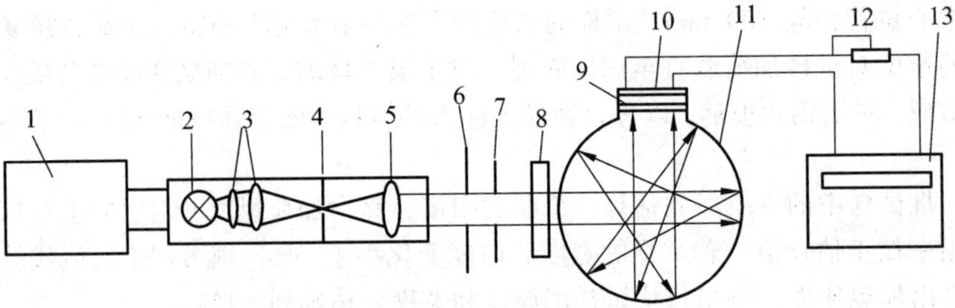

图 10-2-2　BTG-1 型透光率测定仪结构原理

1—稳压电源；2—白炽灯；3—聚光镜；4—固定光栏；5—照明物镜；6—可变光栏；7—快门；8—玻璃试样；9—光电池；10—滤光片；11—积分球；12—可变电阻；13—检流计

（2）试样准备。

选择无擦伤、结石、气泡等缺陷的玻璃片，截取边长为 40 mm × 60 mm 厚薄差不大于 0.1 mm 的片状作为试样。用浸有无水乙醇（或乙醚）的脱脂棉清洗试样表面，烘干后备用。

（3）操作步骤。

① 开启电源，预热 10 min，使仪器稳定。

② 按"标准"键。透过率显示窗显示 100.0 字样，表示仪器中无样品时，已将入射光在光电池上产生相应的光电流调至检流计上满度 100，此时仪器正常。

③ 将待测试样插入样品夹上，按"测试"键，此时透过率显示窗上显示的即为试样的可见光总透过率值（％）。

④ 重按"测试"键，重复测定，至少测定 3 次，然后取其算术均值，作为测量结果，以提高测量准确度。

⑤ 每进行了一片试样测量前，应重复步骤（2），即按"标准"键，显示 100.0 后，再测试样品。

2. 光谱曲线的测定

（1）基本原理。

玻璃的透光率对不同波长的光是不同的，因此同一玻璃在不同的波长测定的透光率是不同的。改变入射光的波长，测定透光度，然后将所测得的透光度与对应的波长值绘制成曲线，即为投射光谱曲线。

（2）仪器装置。

731 数字式分光光度计。

（3）实验步骤。

① 接通电源时，预热 20 min。

② 手持试样边缘，将其嵌入弹性夹内，并放入比色器座内靠单色器一侧，用定位夹固定弹性夹，使其紧靠比色器座壁。

③ 用调节旋钮选择测量波长。

④ 打开比色器暗盒盖，调节透光率"0"。

⑤ 使比色器座处于空气空白校正位置，轻轻地将比色器暗箱盖合上，这时暗箱盖将光门挡板打开，光电管受光，调节透光率"100%"。

⑥ 按④、⑤步骤连续几次调"0"和"100"后无变动，即可以进行测定。

⑦ 将待测试样推入光路，显示器示值即为某波长光下的透过率 T、吸光度 A。

⑧ 在单色光的波长为 360～1 000 mm，每隔 20 nm 测定颜色玻璃试样吸光度 A。将所测得的透光度与对应的波长值绘制成曲线。

10.2.4　玻璃内应力的测定

玻璃制品在制造和加工过程中会产生一定的应力，其中因化学组成不均匀而导致结构不均匀而产生的应力称为结构应力；因受迅速而不均匀的温度变化产生的应力称为热应力；把当玻璃的结构应力和内外温度相等时所残留的热应力称内应力，也称永久应力。通常玻璃中的内应力是不均匀的，它会降低玻璃的机械强度、热稳定性，影响玻璃的安全使用，严重时还会发生自裂现象。内应力还会改变玻璃光学性质，如影响光的透过和成像质量。在生产中要通过退火处理来尽量减少玻璃制品的内应力。

1. 测定原理

玻璃与塑料等透明材料通常是一种均质体，是各向同性的材料，当单色光通过其中时，光速与其传播方向与光波的偏振面无关，不会发生双折射现象；但当有内应力存在时，它会表现各向异性，单色光通过时会变成两束光，产生光的双折射现象。双折射光程差 ΔS 与应力间有一定关系，可借助光干涉原理测出光程差，从而计算出应力值。

2. 仪器设备

主要设备为偏光应力仪，仪器结构如图 10-2-3 所示。

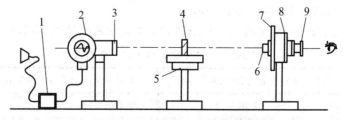

图 10-2-3　偏光应力仪示意图

1—镇流器箱；2—光源；3—起偏镜片；4—试样；5—载物台；6—1/4 波长片；
7—1/4 波片度盘；8—度盘；9—检偏振片

3. 试　样

试样取退火后未经其他试验的玻璃仪器，表面应清洁无缺陷，保持原有透明度。试样须预先在实验室内放置 30 min 以上，检验时应戴手套，避免用手直接接触试样。

4. 测定步骤

（1）检查仪器的检偏零位是否正确，打开仪器光源，拨动拨杆，把全波片撤离到光路之外，把 1/4 波长片置入光路中。

（2）转动检偏镜旋转手把，观察检偏镜视场，当转动时使视场刚好为最大暗色为止，此时起偏镜与检偏镜正交，偏振轴相互垂直，其检偏镜上的分度盘零位刻度线应与指标线正好重合，此时，检偏镜旋转角 φ_0 为零度，如有偏离应记下偏离角度。

（3）把被测试样放置于试样台上并固定，让偏振光束垂直通过试样。

（4）当分度盘零位刻线处于指标线零位时，观察检偏镜视场，在试样中部和靠近上下表面处均有较亮区域，并且被两条暗条纹隔开，旋转检偏镜，使两条暗条纹向试样中部移动并重合，使暗条纹集合成棕褐色。

（5）绕轴线旋转试样，借此准确确定最大的棕褐色，即此时由内应力产生的双折射已被检偏镜补偿，由分度盘准确读取检偏镜旋转角 φ_1 并记录。

（6）精确测量试样测点处的厚度 D，测定 3 次取平均值。

5. 结果计算

（1）计算光程差：

$$\Delta = \frac{f(\varphi_1 - \varphi_0)}{D}$$

式中　Δ —— 单位厚度的光程差，$nm \cdot cm^{-1}$；

　　　f —— 转换系数，其值为 $\lambda/180°$（λ 为波长），当采用白光光源有效波长为 565 nm 时，
　　　　　　$f = 3.14$ nm/（°）；

　　　φ_1 —— 放置试样之后，检偏镜旋转角度；

　　　φ_0 —— 未放置试样之前，检偏镜旋转角度，一般为零；

　　　D —— 光通过样品被测部位的总厚度，cm。

（2）求玻璃内应力 F：

$$F = \frac{\Delta}{B}$$

式中　Δ —— 单位厚度的光程差，$nm \cdot cm^{-1}$；

　　　B —— 玻璃的应力光学常数。一些玻璃的应力光学常数见表 10-2-3。

表 10-2-3　一些玻璃的应力光学常数

玻璃种类	应力光学参数 $B/（10^{-7} cm^2 \cdot kgf^{-1}）$	玻璃种类	应力光学参数 $B/（10^{-7} cm^2 \cdot kgf^{-1}）$
石英玻璃	3.46	一般冕牌玻璃	2.61
低膨胀硅酸盐玻璃	3.87	轻冕牌玻璃	2.88
铝硅酸盐玻璃	2.63	重钡冕玻璃	2.18

续表 10-2-3

玻璃种类	应力光学参数 $B/(10^{-7}\,cm^2 \cdot kgf^{-1})$	玻璃种类	应力光学参数 $B/(10^{-7}\,cm^2 \cdot kgf^{-1})$
96%SiO₂玻璃	3.67	轻燧玻璃	3.26
低电耗硼酸盐玻璃	4.78	中燧玻璃	3.18
平板玻璃	2.65	钡燧玻璃	3.16
钠钙玻璃	2.44 ~ 2.65	重燧玻璃	2.71
硼硅酸盐玻璃	2.99	特重燧玻璃	1.21

注：1 kgf = 9.8 N。

10.2.5　玻璃化学稳定性的测定

玻璃制品在使用中会受到周围介质（如大气、水、酸、碱、盐类及其他化学物质等）的侵蚀，玻璃抵抗这种侵蚀的能力称为玻璃的化学稳定性。玻璃的化学稳定性是玻璃的一个重要性质，也是衡量玻璃制品质量的重要指标之一。各种用途的玻璃，均要求具有一定的化学稳定性。例如：化学稳定性差的平板玻璃，在大气和雨水的侵蚀下，表面的光泽就会消失，在运输和存放中往往会受潮而产生黏片；在保温瓶盛装的水中，常常出现闪闪发光的细片状异物，通常称为"脱片"；光学玻璃在使用时，因受周围介质的作用，使光学零件蒙上"雾"状膜等，这些都与玻璃的化学稳定性有关。因此测定玻璃的化学稳定性，对研究蚀侵机理，提高玻璃制品的质量具有重要意义。

玻璃的化学稳定性与玻璃的化学成分，测定方法和条件有关，此外不同的介质对玻璃的侵蚀具有复杂的物理化学过程。测定玻璃化学稳定性的方法很多，常用的有粉末法和表面法。粉末法简便快速，但受到颗粒大小及均匀度、玻璃热历史、侵蚀液体体积与试样重量之比等因素影响，只能反映玻璃材料本书特性，而不考虑玻璃表面状态。表面法不仅能反映玻璃表面特性，也能反映玻璃本身特性。值得指出的是，所有测定方法都是有条件的，其结果都是相对的，只表示在规定的条件下，一定时间内浸出物的数量，并以不同的单位表示。因此，只有在同一测定方法、同样的侵蚀条件下，各个试样的化学稳定性才能进行比较。

1. 粉末法

（1）基本原理。

将待测玻璃制成一定粒度的粉末，在水中进行侵蚀，以试样损失的质量或转移到溶液中的组成（对 Na_2O-CaO-SiO_2 系统玻璃主要是 Na_2O）含量来表示其化学稳定性。一般的钠钙硅酸盐玻璃与水接触时，玻璃表面的碱金属硅酸盐会发生水解，生成氢氧化物和硅酸凝胶，如：

$$Na_2SiO_3 + (x+2)H_2O \longrightarrow H_2SiO_3 \cdot xH_2O + 2NaOH$$

硅酸凝胶（$H_2SiO_3 \cdot xH_2O$）在水中的溶解度很小，只是吸附在玻璃表面，形成一层薄膜，而氢氧化物（$NaOH$）则溶于水中。粉末满定法是用酸滴定侵蚀液中氢氧化物含量来表示玻璃的抗水侵蚀性能。

（2）仪器与材料。

恒温水浴锅（6 孔）、回流冷凝管（400 mm）、锥形瓶（250 mL，4 个）、微量滴定管（3 ~ 5 mL）、玻璃研钵（直径 150 mm）、筛子（177 孔/cm² 和 476 孔/cm²）、电烘箱（>150 ℃）、干燥器（直径 210 mm）。

无水乙醇、标准盐酸（0.01 mol·L⁻¹）、甲基红指示剂（0.1%）。

实验装置如图 10-2-4 所示。

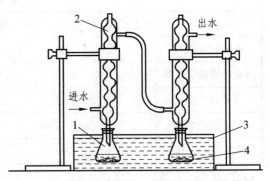

图 10-2-4　粉末法测定玻璃化学稳定性装置
1—锥瓶；2—回流冷凝管；3—恒温水浴箱；4—玻璃试样

（3）试样准备。

① 将待测无缺陷的玻璃打碎成 5 ~ 10 mm 大小的碎块，取 100 g 左右在研体内研细。研细时研粒应在研体内做圆周运动，避免玻璃成片状体。

② 将研细的玻璃过 476 孔/cm² 筛，筛上物再过 177 孔/cm² 筛。取筛下物备用。

③ 将玻璃颗粒倒在倾斜的木板或胶合板上，轻轻敲击木板，球状颗粒滚下，去掉木板上的片状颗粒，重复 2 ~ 3 次。

④ 用无水乙醇洗涤玻璃颗粒，经烘干冷却至室温后备用。

（4）实验步骤。

① 往恒温水浴箱内加入足量的水，然后通电使水加热。

② 取 4 个干净的锥形瓶，在天平上精确称取试样 3 份，每份（2.000 0 ± 0.200 0）g，分别放入锥形瓶中，另一个锥形瓶留做空白实验；用移液管分别注入 50 mL 蒸馏水。

③ 待恒温水浴锅中水沸腾后，将 4 个锥形瓶放入沸水中，装上回流冷凝管，在水恢复沸腾后，保持 60 min。

④ 切断水浴电源，取下冷凝管，拿出锥形瓶，并迅速浸入冷水中，冷却至室温。

⑤ 向瓶内滴 0.1% 的甲基红指示剂 2 滴，用 0.01 mol·L⁻¹ 的标准 HCl 溶液进行滴定至与缓冲溶液的颜色一致（缓冲溶液装在 250 mL 锥形瓶中，数量为 50 mL，pH = 5.2，加两滴指示剂）。

⑥ 按步骤⑤滴定 50 mL 的蒸馏水，做空白测定。

（5）数据处理与实验结果。

将溶液中析出的 Na_2O 含量的值换算成每克玻璃析出的 Na_2O 的量，并以此确定试样玻璃的耐水等级。

Na_2O 析出量按下式计算：

$$Na_2O(mg/g \ 玻璃) = 0.01(V - V_1) \times 30.99/G = 0.309 \ 9(V - V_1)/G$$

式中　V——滴定 50 mL 试液所需 0.01 mol·L⁻¹ 标准盐酸的用量，mL；

　　　V_1——滴定 50 mL 空白试液（蒸馏水）所需 0.01 mol·L⁻¹ 标准盐酸的用量，mL；

　　　G——试样质量，g；

　　　30.99——能与 1 mL 0.01 mol·L⁻¹ 标准盐酸反应的 Na_2O 的毫克数，mg·mL⁻¹。

将三份试样的结果取平均值，按表 10-2-4 确定玻璃的水解等级。

表 10-2-4　玻璃的水解等级

水解等级	消耗 0.01 mol·l⁻¹HCl（mL·g⁻¹玻璃）	析出 Na_2O mg·g⁻¹玻璃
1	0～0.01	0～0.031
2	0.01～0.02	0.031～0.062
3	0.02～0.085	0.062～0.264
4	0.085～2.00	0.264～0.62
5	2.00～3.50	0.62～1.08

2. 表面法

（1）基本原理。

将试验用水注入待试验容器到规定的容量，然后在规定条件下将容器加热。通过原子吸收或发射光谱法（火焰光度法）测量提取液中碱金属氧化物和碱土金属氧化物的含量，以此确定容器内表面被水侵蚀的程度。

（2）仪器。

火焰原子吸收光谱仪（FAAS）及火焰原子发射（FAES）光谱仪。

高压釜或高压蒸汽消毒器：能够承受至少 2.5×10^5 N·m⁻² 的压力并可加热循环容器的内径至少 300 mm，一支温度计或一支经校准过的热电偶、一个压力计、一个释放压力安全装置、一个旋塞以及放置试样用的支架。高压釜及辅助装置在使用前应彻底清洗。

触液板：采用刚性和惰性的透明材料制成，具有适当形状和一个直径约 5 mm 的中心孔。触液板大小应能与待检满口容量的容器相吻合，且能完全遮盖密闭的表面。

（3）试剂。

试验用水可用蒸馏水在石英玻璃或硼硅质玻璃制作的烧瓶中煮沸 15 min 以上制得，不含二氧化碳之类的溶解气体。

盐酸溶液（2 mol·L⁻¹、6 mol·L⁻¹）；氢氟酸（22 mol·L⁻¹）。

光谱化学缓冲溶液：将氯化铯 80 g 溶解到约 300 mL 试验用水中，加入盐酸（1＋1）10 mL，然后移入 1 000 mL 容量瓶中，用水稀释至标线，摇匀。

基础溶液：在（110±5）℃下，将氯化钠、氯化钙和碳酸钙干燥 2 h。在过量盐酸存在下，直接用氯化物及碳酸钙加试验用水配成基础溶液。当以氧化钠、氧化钙和氧化钾的含量表示时，溶液的浓度为 1 mg·mL⁻¹。

标准溶液：以试验用水稀释基础溶液到某一适当的浓度。如果以氧化钠、氧化钙和氧化钾的含量表示时，溶液浓度为 20 μg·mL⁻¹。

参比溶液：以试验用水稀释适当浓度到标准溶液，可得到一系列构成标准曲线的参比溶液。一般情况下，浓度值应覆盖所用仪器对某特定元素的最佳工作范围。

参比溶液典型的浓度范围如下：

火焰原子发射光谱法测定时，氧化钠、氧化钾的浓度应低于 10 μg·mL⁻¹。

火焰原子吸收光度法测定时，氧化钠、氧化钾的浓度应低于 3 μg·mL⁻¹。

CaO 的浓度应低于 7 μg·mL⁻¹。

（4）试样。

待测的每个玻璃容器的容积和需要单独测量的容器数量由表 10-2-5 规定。

表 10-2-5　用火焰光度法测定耐水性的玻璃容器数量

容积 y（相当于灌装容量）/mL	单独测量的容器数量	初测定时的附加容器数量
$V \leqslant 2$	20	2
$2 < V \leqslant 5$	15	2
$5 < V \leqslant 30$	10	2
$30 < V \leqslant 100$	5	1
$V > 100$	3	1

（5）灌装容量的测定。

当水灌入一个放置在水平面上的容器中，直到弯液面恰好接触触液板时，所需水的体积称为满口容量。灌装容量是灌注入容器中水的体积，对一般玻璃瓶、小玻璃瓶和有嘴玻璃容器而言，灌装容量规定为满口容量的 90%。对安瓿而言，灌装容量规定为瓶内液面降到瓶肩高处的容量。

① 容量小于 30 mL 的平底玻璃容器（安瓿除外）。

从一批样品中任意选出 6 个玻璃容器，通过摇动以清除所有污物和包装碎屑。将每个干燥的玻璃容器放置在平滑的水平板上，并让它们达到（22±2）℃ 的温度，用触液板覆盖每个玻璃容器，使触液板的小孔近似地置于玻璃容器的中心。用滴定管将（22±2）℃ 的蒸馏水通过触液板的小孔注入每个玻璃容器，直到弯月面恰好与小孔底面平行为止。这时应确保蒸馏水与触液板的界面上没有空气泡。然后从滴定管读得蒸馏水的体积，读数应精确到小数点后两位，这个体积就是玻璃容器的满口容量。

计算 6 个玻璃容器满口容量平均值的 90%，计算精确到小数点后一位，所得数值即为此特定样品组的灌装容量。

② 容量等于和大于 30 mL 的平底玻璃容器。

从一批样品中任意选择 6 个玻璃容器（$V \leqslant 100$ mL）或 3 个玻璃容器（$V > 100$ mL），并摇动这些玻璃容器以清除所有污物和包装碎屑。让这些干燥的玻璃容器达到（22±2）℃ 的温度，用适当的触液板覆盖每个玻璃容器，并对每个盖有触液板的空容器进行称量，精确到 0.1 g；除去触液板，并用（22±2）℃ 的蒸馏水注入玻璃容器到接近顶部，然后再盖上触液板并使板的小孔近似地置于玻璃容器的中心。按本节（5）①所述，用滴定管通过触液板小孔继续对玻璃容器注入（22±2）℃ 的蒸馏水。

将注满蒸馏水的玻璃容器及其触液板一起称量，精确到 0.1 g，并以克为单位计算出玻璃容器内所含水的质量。

计算 6 个玻璃容器试样结果的平均值，计算结果可用毫升水表示。这个计算值就是玻璃容器的平均满口容量。

计算这个平均满口容量的 90%之值，精确到小数点后一位。这个体积就是此特定样品组的灌装容量。

③ 圆底玻璃容器（安瓿除外）。

从一批样品中任意选择 6 个玻璃容器（$V \leqslant 100$ mL 或 3 个玻璃容器 $V > 100$ mL），并摇动这些玻璃容器以清除所有污物和包装碎屑。让这些干燥的玻璃容器达到（22 ± 2）℃ 的温度。将每个玻璃容器垂直固定在一适当的装置中并分别按本节（5）①或（5）②的规定测定满口容量。

计算平均满口容量的 90%之值，精确到小数点后一位。这个体积就是此特定样品组的灌装容量。

④ 带嘴玻璃容器。

用塑料胶带缠绕在玻璃容器边缘上，使玻璃容器嘴周围的塑料胶带与玻璃容器的满口齐平。对安装好触液板的玻璃容器称量，然后按本节（5）①所述充满水，在不拆除触液板的情况下再称量。

⑤ 安瓿。

将 6 个温度为（22 ± 2）℃ 的干燥安瓿放置在平滑的水平板上，然后用滴定管注入同样温度的蒸馏水达到 A 点，即安瓿的瓶身向肩部处（见图 10-2-5），读取每个安瓿的容量至两位小数，计算平均值。用一位小数表示的平均值即为灌装容量。

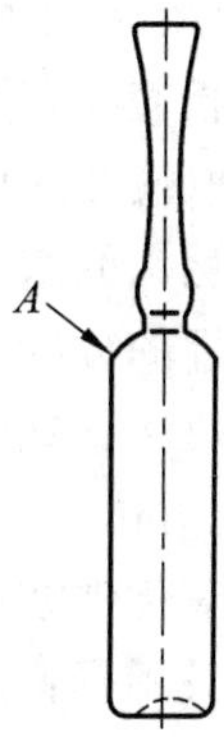

（6）试验步骤。

本试验过程应在一天内完成。

① 样品的清洗。

从第一次清洗至清洗完毕所用时间应在 20 ~ 25 min。

图 10-2-6　安瓿的灌装容量

先除去样品在储存和运输过程中残存下来的杂物。用室温下的蒸馏水冲洗样品至少两次，然后在样品直立状态下注满蒸馏水。测试前，倒掉蒸馏水并再用蒸馏水冲洗一次，然后再用试验用水冲洗一次，倒净。在打开封闭式安瓿前，先将其在约 50 ℃ 的水浴锅或烘箱中加热约 2 min，测试前不必再清洗。

② 灌装和加热。

按本节 4 的要求选择好样品，按（6）①的规定进行清洗后，再用试验用水灌注每一容器至灌装容量。

用惰性材料，如倒立的烧杯、铝箔等盖住任一样品。要求烧杯底部与样品边缘平滑接触，安瓿用干净的铝箔覆盖。要确保铝箔不会向试验用水中释放被分析的离子。

室温下，将试样放入装有蒸馏水的高压釜的支架上，并保证样品高于高压釜中的液面。小心关好高压釜的盖子或门，打开排气截门，以某一固定速率加热，经 20 ~ 30 min 后，有大量蒸汽从排气口放出，维持此时状态约 10 min。然后关闭排气截门，以 1 ℃·min^{-1} 的速率升至 121 ℃，并在（121 ± 1）℃ 下恒温（60 ± 1）min，继之以 0.5 ℃·min^{-1} 降至 100 ℃。

将样品从高压釜中取出放入 80 ℃ 的水浴锅中。以一定的速率注入冷却水流，以使样品尽快地降至室温。但为避免由于热冲击造成的破损，不应考虑样品的容量、壁厚以及玻璃种类等因素。冷却时间不应超过 30 min，冷却后立即进行测定。

注意：冷却水流不能接触铝箔盖，这是很危险的，特别对于小玻璃瓶，更应注意。

③ 提取液的分析。

a. 使用耐水为 HC 1 级、HC 2 级、HC B 级的容器或已知由硼硅酸盐玻璃、中性玻璃制成的容器。一般情况下，这类容器不会释放出相当数量的钾和钙，因此只需测定钠的含量。

先用一份提取液对氧化钾和氧化钙含量作初步测定，对某种容器，假如氧化钾浓度低于 $0.2\ \mu g\cdot mL^{-1}$、氧化钙浓度低于 $0.1\ \mu g\cdot mL^{-1}$，则不必对此种容器的其他提取液进行钾、钙的分析。

将每个样品的提取液直接注射到原子吸收或原子发射光谱仪内，通过与参比溶液所得标准曲线相比较，测得氧化钠的浓度（如氧化钾和氧化钙的浓度高于上述规定，则还要测氧化钾和氧化钙）。

b. 耐水为 HC 3 级、HC D 级容器或已知由钠钙硅玻璃制成的容器。

初步测定：

将 5%标定体积的光谱化学缓冲溶液加入到样品中的一个容器内。对细颈容器，将一片惰性塑料膜盖在容器上，通过振荡将溶液混匀，其他形状的容器经搅拌混匀。

将提取液注入原子吸收或原子发射光谱仪内，首先粗测氧化钠的浓度，然后精确测量氧化钾和氧化钙的浓度。当氧化钾的浓度低于 $0.2\ \mu g\cdot mL^{-1}$ 时，就不必对此种容器的其余样品进行氧化钾的分析。根据仪器的工作条件，氧化钠的浓度有可能超出其最佳工作范围，例如用原子吸收法，氧化钠浓度大于 $3\ \mu g\cdot mL^{-1}$ 时，此时最终测定应稀释提取液，使氧化钠浓度低于 $3\ \mu g\cdot mL^{-1}$。

在将氧化钠浓度稀释到小于 $3\ \mu g\cdot mL^{-1}$ 时，应非常小心。容积要精确到两位小数，而且容积度量及稀释都应在十分洁净的装置内进行，稀释过程中应加入 5%体积的光谱化学缓冲溶液。

经验表明，只有用原始提取液才能精确测得氧化钾和氧化钙的浓度。

最终测定：

如不用稀释，就按初步测定所述，加入 5%标定体积的光谱化学缓冲溶液，混匀后注入光谱仪测量，通过与标准曲线对比确定氧化钠和氧化钙（如氧化钾浓度大于 $0.2\ \mu g\cdot mL^{-1}$，还需测氧化钾）的含量。做标准曲线时，需向参比溶液中加入 5%体积比的光谱化学缓冲溶液。

在用火焰原子吸收光谱法测定氧化钙的溶液时，需使用氧化亚氮-乙炔焰。

如果必须稀释，按上述操作过程确定氧化钠、氧化钙和氧化钾的浓度。被测溶液中应含有 5%体积比的光谱化学缓冲溶液。

注意：计算时应考虑到每一次稀释的影响，若浓度低于 $1.0\ \mu g\cdot mL^{-1}$，结果用两位小数表示；否则用一位小数表示。

④ 确定玻璃容器是否经过表面处理的试验。

a. 一般玻璃瓶和小玻璃瓶。

如果有必要确定某种容器是否进行过表面处理，则应使用已测试过的样品进行比对。

将 9 个体积的盐酸与 1 个体积的氢氟酸的混合物注入样品中的满口容量点，室温下放置 10 min，然后倒掉溶液，用蒸馏水将样品清洗 3 次，再用试验用水至少清洗 2 次。按前述（6）③规定的方法测试样品。

如果新测试结果比原始表面的测试结果高出很多（5~10 倍），则认为样品进行过表面处理。

b. 安瓿。

如果有必要确定安瓿是否经过表面处理，则应使用已测试过的样品。按上述的方法，对样品进行侵蚀处理，然后进行测试。

若安瓿未经过表面处理，则新测试结果应略低于原始测试结果。

（7）试验结果的表示。

① 结果计算。

计算每种样品中各氧化物浓度的平均值，并以每毫升提取液中氧化物的微克数表示。然后再计算氧化物的总含量，以每毫升提取液中所含氧化物相当于氧化钠的微克数表示。

1 μg 的氧化钾约相当于 0.658/μg 氧化钠；

1 μg 的氧化钙约相当于 1.105/μg 氧化钠。

② 分级。

根据计算得到的氧化钠含量表示的氧化物含量的平均值对样品进行分级（见表 10-2-6）。

表 10-2-6　容器内表面耐水侵蚀性试验的最高含量（火焰光谱法）

容器的容积 V（相当于灌装容量）/mL	每毫升提取液中用氧化钠微克数表示的氧化物浓度最高值/（$\mu g \cdot mL^{-1}$）			
	HC 1 级和 HC 2 级	HC 3 级	HC B 级	HC D 级
$V \leqslant 1$	5.00	60	12	96
$1 < V \leqslant 2$	4.50	53	11	84
$2 < V \leqslant .5$	3.20	40	7.8	63
$5 < V \leqslant 10$	2.50	30	6.0	51
$10 < V \leqslant 20$	2.00	24	4.8	40
$20 < V \leqslant 50$	1.50	18	3.6	30
$50 < V \leqslant 100$	1.20	14	3.0	23
$100 < V \leqslant 200$	1.00	11	2.4	18
$200 < V \leqslant 500$	0.75	8.7	1，8	14
$V > 500$	0.50	6.6	1.2	10

③ HC 1 级与 HC 2 级耐水容器的区别。

按照（6）④方法进行侵蚀和重新测试后，HC 1 级耐水容器仍满足表 2 中对 HC 1 级和 HC 2 级耐水容器的要求。而 HC 2 级耐水容器产生的氧化物比表 10-2-4 中第 2 列的数值大得多，该值相当接近于表中 HC 3 级耐水容器的数值。

④ 表示方法。

按照本方法测得的玻璃容器内表面的耐水性表示如下：

例如，某种容积为 9 mL 的容器，其提取液中用氧化钠含量表示的碱的浓度的平均值为 4.9 $\mu g \cdot mL^{-1}$，则表示为

玻璃容器耐水等级 GB/T 4548.2—HC B 级

（8）试验报告。

试验报告包括以下内容：

① 依据 GB/T 4548.2 标准。
② 样品的种类。
③ 样品的平均满口容量（安瓿除外）。
④ 样品的灌装容量。
⑤ 稀释倍数（如进行过稀释）。
⑥ 氧化物浓度的测定结果。
⑦ 以氧化钠含量表示的个别值和平均值。
⑧ 玻璃容器耐水性的 HC 级。
⑨ 对 HC 2 级耐水容器，说明是否经表面侵蚀后重新测试及测试结果。
⑩ 说明是否对封闭式安瓿进行了测定。
⑪ 测试过程中观察到的异常现象。

参考文献

[1] 曹文川，杨树深. 普通硅酸盐工艺学[M]. 武汉：武汉工业大学出版社，1997.

[2] 马列. 化学检验（水泥）[M]. 北京：中国建材工业出版社，2006.

[3] 缪沾. 材料物理性能检验[M]. 北京：中国建材工业出版社，2006.

[4] 马振珠. 材料成分检验[M]. 北京：中国建材工业出版社，2006.

[5] 周正立. 水泥化验与质量控制实用操作技术手册[M]. 北京：中国建材工业出版社，2006.

[6] 张云洪. 陶瓷工艺技术[M]. 北京：化学工业出版社，2006.

[7] 顾幸勇，陈玉清. 陶瓷制品检测及缺陷分析[M]. 北京：化学工业出版社，2006.

[8] 尹衍升，陈守刚，李嘉. 先进结构陶瓷及其复合材料[M]. 北京：化学工业出版社，2006.

[9] 张金升，张银燕，王美婷，等. 陶瓷材料显微结构与性能[M]. 北京：化学工业出版社，2007.

[10] 陈国平. 玻璃的配料与熔制[M]. 北京：化学工业出版社，2006.

[11] 赵彦钊，殷海荣. 玻璃工艺学[M]. 北京：化学工业出版社，2006.

[12] 张锐，许红亮，王海龙. 玻璃工艺学[M]. 北京：化学工业出版社，2008.

[13] 张锐，陈德良，杨道媛. 玻璃制造技术基础[M]. 北京：化学工业出版社，2009.

[14] 中国就业培训技术指导中心组织. 玻璃分析检验员[M]. 北京：中国劳动社会保障出版社，2010.

[15] 徐伏秋，杨刚宾. 硅酸盐工业分析[M]. 北京：化学工业出版社，2008.